铁路工务作业指导书

郭成富　程周礼　主编
张家明　刘　鹏　主审

中国铁道出版社有限公司

2 0 1 9 年·北 京

内容简介

本书从适用范围、生产组织、作业程序、技术标准、作业安全等方面介绍了铁路工务线路、桥涵、隧道、路基、大型养路机械五大类共71项单项作业，按照作业流程分步骤详细讲述了作业过程和技术标准。内容较为全面，浅显易懂，可操作性和实用性较强。对一线作业人员和管理者有一定的学习指导意义，可作为工务职工实作培训教材。

图书在版编目(CIP)数据

铁路工务作业指导书/郭成富，程周礼主编．—北京：中国铁道出版社，2012.6（2019.9重印）

ISBN 978-7-113-14520-0

Ⅰ.①铁…　Ⅱ.①郭…　②程…　Ⅲ.①铁路施工—基本知识　Ⅳ.①U215

中国版本图书馆CIP数据核字(2012)第068766号

书　　名：铁路工务作业指导书
作　　者：郭成富　程周礼　主编

策划编辑：时　博
责任编辑：时　博　　编辑部电话：(010)51873141　　电子信箱：crph@163.com
封面设计：崔　欣
责任校对：孙　玫
责任印制：陆　宁

出版发行：中国铁道出版社有限公司(100054，北京市西城区右安门西街8号)
网　　址：http：//www.tdpress.com
印　　刷：三河市宏盛印务有限公司
版　　次：2012年6月第1版　2019年9月第5次印刷
开　　本：880 mm×1 230 mm　1/32　印张：7.5　字数：221千
书　　号：ISBN 978-7-113-14520-0
定　　价：25.00元

编委会名单

主　　编：郭成富　程周礼

编写人员：吴瑞芳　张　锋　张　勇　贺世荣
李小园　蔚召选　周俊英　邢沛友
张宏伟　庞亚玲　贾海军　孙军平
王建军　何　忠

主　　审：张家明　刘　鹏

审核人员：蒋明玉　张秀成　戴理富　武秋龙
张志军　付　涛　蒋　康　李荣强

前　言

为了提升工务系统主要行车工种岗位技能，解决标准不清、无序作业等影响作业安全的突出问题，全面规范现场作业行为，我们组织技术、职教、安全等专业技术人员以及一线技师，根据相关安全管理规章和岗位作业标准，结合现场实际编写了《铁路工务作业指导书》。

本书从适用范围、生产组织、作业程序、技术标准、作业安全等方面，对涉及铁路线路工、桥路工的单项作业和综合管理进行了详尽介绍，分项明确了各类作业技术标准和作业流程，对一线作业人员和管理者有着一定的学习指导意义。

由于水平有限，加之时间仓促，不足之处在所难免，欢迎广大读者提出宝贵意见，以便加以改进。

编　者

2012 年 4 月

目　录

第一章　铁路线路工作业指导书

线路工区一日作业标准

一、班前准备

1. 班组全员按时参加点名分工，思想集中，精神饱满，班前10小时严禁饮酒。

2. 班组长布置当日作业，明确作业地点、项目、技术要求，并有针对性地进行安全教育。

3. 备齐当日作业所需工具、材料，并检查机具性能是否良好。

二、前往工地

1. 行走路肩，跨越线路、通过桥隧要做到"一停、二看、三通过"。

2. 来车时，工地防护及时通知下道，并按标准立岗接车，注意瞭望，工具不得侵入限界，确保安全。

3. 乘车时，车未停稳不准上下车，严禁坐在危险处所，人要坐稳，工具、材料放牢不超限。

三、施工作业

1. 按照工班长或工地负责人的布置安排，设置好施工防护，准备施工作业。

2. 施工作业按单项技术标准规定的程序和要求进行，不简化，不漏项。

3. 无缝线路地段作业时，严格执行无缝线路作业轨温条件，做到"二清、三测、四不超"制度。

四、下道避车

1. 作业时，如有列车开来，应及时下道避车，并将工具、材料撤下道，不得侵入限界。

2. 下道后，应面向列车立岗接车，认真瞭望，防止列车上的抛落、坠落物或绳索伤人。

五、质量回检

严格执行质量回检制度，不合格要及时返工。

六、结束工作

工完料尽，撤除防护，返回驻地。

七、分析总结

1. 总结作业情况。
2. 分析安全情况。
3. 考评及合理化建议。

施工防护作业

一、劳动组织及防护备品

1. 劳动组织

施工防护作业共计需要4人,其中,驻站1人,工地1人,两端800 m各1人。

2. 防护备品(表1—1)

表1—1　施工防护作业备品

序号	名　称	单位	规格	数量	备　注
1	对讲机	台		4	
2	信号旗	副		3	
3	喇　叭	支		3	
4	火　炬	只		2	
5	响　墩	只		6	
6	短路铜线	根		2	
7	作业标牌	套		2	
8	作业票	张		4	

二、作业程序

(一)驻站联络员

1. 准备作业

(1)按规定着装,检查、带齐通信及防护用品。

(2)按时参加点名,掌握施工作业地点、作业项目及防护注意事项。

(3)带齐施工计划及作业票、记录簿、笔、钟表、上岗证等。

(4)与施工负责人、中间及现场防护员明确联系方法及各防护员编号。

2. 防护作业

(1)按规定时间提前到达车站行车室,负责校对钟表,保证驻站联络员、工地防护员与车站运转室三者时间一致。

(2)询问和记录工地防护员到达时间和防护地点，双方共同确认工地防护员编号情况。

(3)根据当日施工计划，在车站《行车设备施工登记簿》(运统—46)上登记要点。

(4)加强与车站值班员的联系，勤看控制台的信号显示，切实掌握列车运行情况，及时准确地将本线、邻线行车车次、站名、时间通知现场(或中间联络)防护员转报施工负责人。

施工地点距车站较近或施工条件较复杂，应提前预报、确报；站内施工作业，应确报列车进路及影响施工的调车作业，通话防护必须执行复诵制度。

预报：车站对施工区间办理闭塞时，驻站联络员应立即向现场防护员发出预报；如系通过列车，则应提前一个车站(即邻站向本站发车时)发出预报。在开行快速列车的区段，旅客列车车次前加的T、K、L、X等字母，预报时不得省略。

确报：车站向施工区间发车时，驻站联络员应立即向现场防护员发出确报。

变更通知：预报、确报有变化时，驻站联络员应向现场防护员发出变更通知。

(5)抄录并确认施工命令，通知现场(或中间联络)防护员转报施工负责人。

(6)驻站联络员与工地防护员至少每3~5 min联系一次，提速区段1~2 min联系一次。严格通话“三确认”制度(确认对方姓名、确认对方听清、确认下道时间)。

如联系中断而有列车进入施工区间时，应立即与车站值班员联系，要求车站值班员向机车乘务员告知，通过作业地点时加强瞭望，发现异常立即停车。

(7)做好施工防护预案和日志登记。

3. 作业完毕

(1)根据施工负责人的指示，办理销记手续(封锁施工应在线路开通时销记)，向车站值班员提出施工车辆返回申请，并告知运行时间，通知工程车(或轨道车)司机、车长。

(2)工程车(轨道车)给点后,通知施工负责人和施工作业人员返回。

(3)下班时,驻站联络员必须在现场所有人员、机具、材料都撤出线路后,方可离开车站。

(4)参加班后安全总结会,进行安全小结,了解次日工作安排。

(二)工地防护员

1. 准备作业

(1)按规定着装,检查、带齐通信及防护用品。

(2)按时参加点名,掌握施工作业地点、作业项目、防护项目及防护注意事项。

(3)携带上岗证,通话设备(电话、电线、挂线杆或报话机)、手信号旗(红黄色各一面)或信号灯(红黄色,昼间可不带)一个、作业标牌(标牌及数量根据施工防护条件需要确定)、喇叭(或口笛)一个、记录簿一本、双色笔一支、钟表一个。

(4)与施工负责人、中间及驻站联络员明确联系方法及本人编号情况。

2. 防护作业

(1)带领作业人员沿路肩一字排开走向工地(复线地段应面向本线来车方向)。

(2)到达工地后,应在施工地点来车方向端,选择通视良好的地点装好通话设备,与驻站(或中间)联络员试验通话,报告防护位置,了解列车运行情况,向施工负责人报告。

(3)工地防护员与驻站联络员至少每 3 ~ 5 min 联系一次,提速区段 1 ~ 2 min 联系一次。准确掌握列车运行情况,确认当时无来车时方可同意作业人员上道作业。

如通话设备发生故障或联系中断,应立即要求停止作业,人员、机具迅速下道。

(4)接到驻站联络员或中间联络员列车预报后,为防止误听,要复诵车次、时间、站名、线别,并做好记录。吹响喇叭(或口笛),通知作业人员做下道准备。

(5)接到驻站(或中间)联络员确报列车接近时,复诵确认,同时吹响喇叭(或口笛),通知作业人员、机具下道。当列车到达规定下道距离之内，作业人员仍未下道时，应吹响喇叭（或口笛）连续短声警告。如可能危及行车安全或人身安全时，应立即显示停车手信号，待危险因素消除后及时撤除停车手信号。

接到驻站（或中间）联络员的限速或封锁施工命令后，告知施工负责人，并按施工负责人的指示，及时设置减速或停车信号。

接到驻站（或中间）联络员的开通或取消限速命令后，告知施工负责人，并按施工负责人的指示，及时撤除停车或减速信号。

（6）作业期间，加强警戒，注意瞭望，监视来车与工地作业情况。当有列车接近工地时，立即提醒施工负责人组织人员、机具下道避车，并检查人员、机具是否侵限，将列车通过工地的信息传达给驻站联络员。

（7）使用电话通信防护，当需转移时，必须在开始作业前或机具人员下道后进行。并须征得施工负责人同意，同时通知驻站联络员。

（8）列车通过工地后，与驻站（中间）联络员联系，确认无后续来车，方可恢复上线作业。

3. 作业完毕

（1）经施工负责人检查线桥设备状态，确认符合放行列车条件后，方能撤除防护（昼夜限速信号除外，但要确认显示的限速值）。

（2）通知驻站联络员办理销记手续，申请施工人员返回运行时间。

（3）撤除通话设备，按规定带领施工人员返回。

（4）参加班后安全总结会，进行安全小结，了解次日工作安排。

三、技术标准

1. 驻站防护登、销记无差错。

2. 两端防护按施工负责人命令、规定距离插设作业标牌。

3. 坚持每隔 3 ~5 min 联系一次。

四、作业安全

1. 无延迟、漏报、错报现象。

2. 驻站联络员准确登记、销记《运统—46》。

3. 来车时，工地防护及时督促人员、机具下道避车，无侵入建筑限界。

线路设备检查作业

一、劳动组织及机具材料

1. 劳动组织

除施工防护外，线路设备检查作业共计需要 3 人。

2. 机具材料（表 1—2）

表 1—2　线路设备检查作业机具材料

序号	名　称	单位	规格	数量	备　注
1	轨距尺（道尺）	把		1	经校核
2	钢卷尺	把	2 m	1	
3	八折尺	把		1	
4	弦　线	副	40 m	1	
5	石　笔	只		2	
6	线路检查记录本	本		1	
7	曲线正矢检查记录本	本		1	

二、作业程序

1. 准备作业

（1）备齐量具，检查记录本。

（2）上道前，检查人核准轨距尺，正反水平误差不大于 ±1 mm。

2. 基本作业

（1）检查轨距、水平，按“先轨距、后水平”的顺序检查并记录，每根铁（长 25 m 钢轨）8 处。检查顺序为本人行进方向，同时检查零配件缺损、道床病害、枕木状态并记录。

（2）目测高低和方向：在检查轨距、水平的同时，每隔 100 ~ 150 m 目测高低、方向。不良地段用弦绳检查。高低用 10 m 弦、轨向用 40 m 弦检查，每隔一根枕木检查、记录一次数据。

(3)检查曲线正矢:检查范围内有曲线时,在检查完轨距、水平后,用20 m弦按既有桩点号每5 m检查、记录一次数据,并与各点的计划正矢相对应。

3. 整理作业

超限勾划:凡检查记录中,所检查项目检查值超过临时补修偏差管理值,应在检查记录簿相应点上打"×"(顺坡率、三角坑、曲线正矢连续差等用"~~~~"线),并及时消灭。

三、技术标准

1. 检查误差不超过±1 mm。
2. 检查位置准确,项目齐全,不漏项。

四、作业安全

1. 设置驻站及现场防护,坚持每3~5 min联系一次。
2. 使用检查小车,必须在天窗点内进行。
3. 遇恶劣天气严禁上道检查。

单开道岔检查作业

一、劳动组织及机具材料

1. 劳动组织

除施工防护外,单开道岔检查作业共计需要 3 人。

2. 机具材料(表 1—3)

表 1—3　单开道岔检查作业机具材料

序号	名　称	单位	规格	数量	备　注
1	轨距尺	把		1	经校核
2	支距尺	把		1	经校核
3	八折尺	把		1	
4	弦　线	副	40 m	1	
5	石　笔	只		1	
6	道岔检查记录本	本		1	

二、作业程序

1. 准备作业

(1)备齐量具,检查记录本。

(2)上道前,检查人核准轨距尺,正反水平误差不大于 ±1 mm。

2. 基本作业

(1)根据不同类型道岔逐处检查轨距、水平及查照间隔、护背距离和各部轮缘槽尺寸,并记录。

(2)目测高低和方向:在检查轨距、水平的同时,应在岔首目测外直股高低、方向。用 40 m 弦检查,每隔一根枕木检查、记录一次数据。

(3)用支距尺逐点检查支距,并记录。

(4)检查尖轨尖端密贴状态,尖轨动程位置正确。

(5)用 10 m 弦检查岔后连接曲线正矢,并记录。

(6)特种道岔注意检查前后锐角、钝角辙叉的叉前叉后轨距、水平、叉中轨距，查照间隔、护背距离，曲中内外矢距等。

3. 整理作业

超限勾划：凡检查记录中，所检查项目检查值超过临时补修偏差管理值，应在检查记录簿相应点上打"×"(顺坡率、三角坑、曲线正矢连续差等用"～～～"线)，并及时消灭。

三、技术标准

1. 检查误差不超过 ±1 mm。
2. 检查位置准确，项目齐全，不漏项。

四、作业安全

1. 设置驻站及现场防护，坚持每 3～5 min 联系一次。
2. 无夹轨距尺，无摔倒、碰伤现象。
3. 来车时，人员、机具材料及时下道避车，不得侵入建筑限界。

起 道 作 业

一、劳动组织及机具材料

1. 劳动组织

除施工防护外,起道作业共计需要 3 人。

2. 机具材料(表 1—4)

表 1—4　起道作业机具材料

序号	名　称	单位	规格	数量	备　注
1	轨距尺	把		1	经校核
2	起道机	台		1	
3	捣　镐	把		1	
4	扒碴耙	把		1	
5	石碴叉	把		1	
6	弦　绳	副		1	
7	木折尺	把		1	
8	丁字扳手或道钉锤	把		1	
9	轨温计	只		1	
10	石　笔	只		2	
11	作业牌	块		2	
12	信号旗	副		1	
13	口　笛	支		1	

二、作业程序

先起基准股,再用道尺找平另一股。

1. 准备作业

(1)确定基准股、校对道尺:看道指挥者校对道尺,确定基准股;直线为水平高的一股,曲线为下股;单开道岔为外直股。

(2)检查划撬,划起道范围(低接头、拱腰、暗坑、空吊板及漫塘等)。

(3)拆除轨下调高垫板,更换失效大胶垫和轨枕扣件。

(4)打浮离钉或拧紧轨枕扣件,消除暗坑、空吊板。

2. 基本作业

(1)起基准股:指挥者俯身在基准股钢轨上,在前进方向距起道机20~30 m往回看,根据轨头下颚水平线高低情况指挥起道。

起道机:一般放在钢轨里口,曲线上股放在钢轨外口,接头放在轨缝下。绝缘接头及焊缝处禁止放置起道机。

①全起全捣:钢轨接头起一次,混凝土枕地段每隔4~6根枕起一次,木枕地段每隔6~8根枕起一次,并依次向前顺序起道。

②重起全捣或重起重捣:陡坑在坑底起一次,漫坑按长度增加起道次数,齐平坑底。

砸撬:木枕打外口轨下枕底,接头(焊缝)和混凝土枕砸撬要打两面镐。砸撬时,串好打实,禁打顶门塞。接头或焊缝两根轨枕同时砸撬。

(2)起对面股:用道尺对水平,起道找平另一股。找平曲线上股时,要考虑设计超高。起道机应与起基准股时放置位置相同,道尺尽可能靠近起道机。

(3)划轻重撬:看道人根据看道情况,在钢轨低接头、暗坑、空吊板等处划轻重捣固符号。

单开道岔起道以道岔(包括道岔前后100 m范围)外直股为基准股,以岔首和辙叉的高程为基点,从尖轨前接头向辙叉进行起道。起道时,一般按转辙部分、连接部分和辙叉部分及岔后长枕四段起道。先起基准股,然后对水平,整治道岔各部位的不平顺。在转辙部分起道,应注意轨面与转辙机械的高差不应过大,必要时联系电务配合。在连接部分起道时,起道机放在导曲股。在辙叉部分起道时,应视具体情况决定起道机的位置,不能造成叉心沉落。

可动心轨辙叉道岔起道作业时,直、曲股应同时起平,保证可动心轨辙叉在一个平面上,并做好道岔前后及道岔曲股顺坡。

道岔群起道应综合考虑各线的实际高度,避免一组道岔起道而影响其他道岔及线路。

3. 整理作业

(1)质量回检,整修不达标处所。

(2)封填镐窝,整理道床。

三、技术标准

1. 起道后应保持线路设计坡度、变坡点位置和竖曲线半径,不侵入建筑限界,不超过与相邻线路最大高度差。

2. 来车前,做好顺撬捣固。收工时,顺坡率应满足:允许速度不大于120 km/h 的线路不应大于 2.0‰;允许速度为 120(不含)~160 km/h 的线路不应大于 1.0‰;允许速度大于 160 km/h 的线路不应大于 0.8‰。

3. 作业后目视长平良好。静态水平误差不超过 ±2 mm;在延长 18 m 的距离内水平三角坑不超过 ±2 mm;高低用 10 m 弦长测量最大值不超过 ±2 mm;空吊板率不大于 8%。

四、作业安全

1. 一次起道量不超过 30 mm 时,设置作业标防护;一次起道量超过 30 mm 时,办理封锁施工手续,设置移动停车信号防护。

2. 坚持"无缝线路维修作业轨温条件",坚持"二清、三测、四不超"制度。

3. 在道岔转辙及可动心轨部分起道,必须有电务部门配合,在天窗点内作业。

4. 在电气化地段作业,单股一次起道高度不得超过 30 mm,且隧道、桁架桥梁内不得超过限界尺寸。

5. 在自动闭塞和有轨道电路区段施工时,养路机具、工具、道尺等均应安装绝缘套管。取放工具不得搭接两股钢轨及绝缘接头、引入线及轨距杆。

6. 施工负责人应掌握列车间隔时间,确定一次起道长度,并保证在列车到来之前,完成顺坡捣固。

7. 来车时,作业人员应及时下道避车,同时将作业机具、材料移出线路,放置、堆码牢固,不得侵入建筑限界,并按标准立岗接车。两线间不得停留人员和放置机具、材料。

小型液压捣固机捣固作业

一、劳动组织及机具材料

1. 劳动组织

除施工防护外，小型液压捣固机捣固作业共计需要 7 人。

2. 机具材料（表 1—5）

表 1—5　小型液压捣固机捣固作业机具材料

序号	名　称	单位	规格	数量	备　注
1	轨距尺	把		1	经校核
2	八折尺	把		1	
3	捣固机	组		1(2 台)	状态良好
4	柴　油	kg		10	
5	机　油	kg		5	
6	工具包	把		1	内装工具 1 套
7	传动带	条		2	长、短各 1 根
8	石　笔	只		1	
9	弦　线	副	20 m	1	
10	信号旗	副		1	
11	对讲机	台		4	
12	停车牌	块		2	
13	道钉锤或丁字扳手	把		1	

二、作业程序

1. 准备作业

(1)检查捣固机状态是否良好，振动框架是否良好，紧固件是否紧固。

(2)检查油箱油料、机油及水箱冷却水是否充足。

(3)检查手压泵是否灵活有效。

(4)检查液压系统动作是否正常,如有漏油,应及时排除;检查、调整传动带张紧程度。

(5)检查下道架状态,调好活动腿高低。

(6)启动捣固机试运转 3 ~ 5 min,检查柴油机及各部零件是否正常。

(7)全面拆除线路调高垫板、串移轨距杆靠至轨枕。

2. 基本作业

(1)上　道

施工负责人确认封锁命令已下达、防护已设好,方可下令上道作业。

(2)捣　固

捣固时对位要准、下插要稳、夹实要快。操纵多路换向阀,按"下插→夹实→张开→提升→转移"步骤进行。

①下　插

下插要稳,捣固机要定位,镐板在轨枕前后和钢轨左右距离要均匀,垂直下插,不得撞击轨枕、钢轨和扣件,遇阻力时边下插边做张合动作。下插深度要适当,镐掌上缘下插至轨枕下边 20 ~ 30 mm。

②夹　实

镐掌下插到位时即开始夹实,夹实次数和时间与线路条件和起道量有关。一般情况下小腰夹 1 次,大腰夹 2 次,接头夹 3 次,每次持续 2 ~ 3 s。

③提　升

每捣完 1 根轨枕后,先张开镐板,然后提升。严禁在夹实状态下提升镐掌。

④转　移

动作要迅速,做到边提升镐掌边推机前进,不碰撞轨枕和扣件。两台捣固机应同起同落,同时转移推进,动作一致,保持平稳。

操作中应做到耳听、眼看、鼻闻、手摸。听机器有无异常声音;看捣固位置、符号和机械各部件状态;闻机械各摩擦、电缆等有无异味;摸电机、油泵、振动轴温升变化及感觉振动情况是否正常。

3. 机械下道

施工完毕后，先将镐板提升到最高位置，机械降低速度后，安稳下道架（下道架外端下倾5 mm左右），由辅助人员协助推下道。下道后，将镐板将至最低位置，将夹实缸活塞全部压入缸筒之内，撤除走行架至限界以外，将捣固机固定好，插好安全销，并加锁。

4. 整理作业

（1）推机下道，按“机械下道”项办理。

（2）串移轨距杆；回填镐窝、整理道床。

三、技术标准

1. 落镐位置准确，左右以钢轨为中心偏差不超过20 mm，前后以轨枕为中心偏差不超过30 mm，镐掌上缘下插至轨枕下边20～30 mm。

2. 各轨枕下捣固密实、强度均匀，钢轨与胶垫之间不得有间隙。

四、作业安全

1. 办理封锁施工手续，设置移动停车信号防护。

2. 施工负责人职务不低于线路工长。指派的防护员必须由经过培训考试合格的员工持证上岗。操作人员必须经技术业务培训并考试合格，由段批准后方可上岗。

3. 施工前，应按审定的方案做好各项准备，根据当日作业里程、地理条件，对全体施工人员（含劳务工）进行有针对性的安全技术教育，布置当日作业安全注意事项。

4. 施工负责人应确认封锁或慢行命令无差错，停车防护已设好，方可下令机械上道。

5. 施工中，施工负责人应严格按审定的方案作业，随时掌握进度与质量，监督施工人员执行各项安全规定，消除不安全因素，并保持与防护员之间的联系。在双线地段作业，要设置移动防护绳，邻线来车时，根据线间距决定停止作业或下道。

6. 驻站联络员坚持与现场防护员每3～5 min联系一次，及时通报邻线列车运行信息。如联系中断，现场防护员应立即设置停车手信号防护，通知施工负责人停止作业、及时下道避车，并按规定认真填写“防护员通话记录”;如遇机械故障,应立即停止作业,下道检修,必要时将线路恢复到准许放行列车的状态,确保行车安全。

7. 多组捣固机械同时捣固时,前后距离应不小于 3 m,走行应保持同步。机械上严禁携挂物件,并注意夹轨钳、镐头勿碰联结零件、防爬器、防爬支撑、导接线等,以免影响捣固质量和造成捣固机脱线。其下道架应有专人负责,并随主机移动,距离不得大于 15 m。

8. 线路开通前,应检查、确认顺坡符合标准,线路设备状态达到放行列车条件,材料机具不侵入建筑限界,并做好记录。

9. 结束作业时,下道后的小型养路机械必须放置稳固,下道架不得向线路方向倾斜,不准侵入建筑限界,并采取防溜措施。机械在现场过夜时,必须加锁、盖上机套,派人看守。

拨 道 作 业

一、劳动组织及机具材料

1. 劳动组织

除施工防护外，拨道作业共计需要 5 人。

2. 机具材料(表 1—6)

表 1—6　拨道作业机具材料

序号	名　称	单位	规格	数量	备　注
1	拨道机	台		3	
2	八折尺	把		1	
3	弦　线	副	20 m	1	
4	捣　镐	把		1	
5	轨温计	只		1	
6	作业标	块		2	

二、作业程序

曲线拨道时，应从曲线两头向中间拨道，防止将误差赶到一头形成“鹅头”。

1. 准备作业

(1) 曲线头有反弯或“鹅头”时，应先拨顺直，再测量现场正矢，计算拨道量。

(2) 对于准轨线路，应调查曲线地段轨缝大小，计算影响量，预先做好调整，防止胀轨跑道。

(3) 确定基准股：直线地段为方向好的一股；曲线地段为上股；单开道岔为外直股。

(4) 轨枕盒内有防爬支撑，应扒松靠防爬支撑拨动方向一侧的道砟。拨道量大或道床特别坚实时，先将轨枕头道砟挖松。拨道前打紧浮钉或拧紧轨枕扣件。

(5)根据拨道量大小确定作业步骤。一般拨道量在 30 mm 以上时,先拨道后捣固再找细;拨道量在 30 mm 以下时,先捣固后拨道。

(6)检查试用拨道机(油缸荷载下有无漏油,作用力情况)。

2. 基本作业

(1)工班长担任看道指挥,距拨道人员一般不少于 30 m(拨大甩弯时,距离 50 m 左右)。

(2)一人看指挥者手势,负责点撬、扒镐窝,镐窝深度距钢轨底面 120 ~ 150 mm。

(3)安放拨道器:液压拨道器每撬 5 或 7 个轨枕孔,三台呈“V”字形安放(前二后一),相邻拨道器间隔 2 ~ 3 个轨枕孔。拨道器安好后,起道轮侧面卡在钢轨底侧面。

(4)拨动线路:扳上回油阀,将摇杆插入起拨摇动孔,眼观指挥者手势,前后摇动摇杆,并尽量保持 3 人动作一致。当指挥者发出停止手势或口令时,立即停止摇动。

(5)转移:扳下回油阀,开启回油路取出摇杆,插入推动孔内,上抬拨道器,使油缸顶杆复位,左手扶柄、右手持杆一起用力后拉取出拨道器,到下一安放点。

3. 整理作业

(1)安装防爬支撑,封填镐窝,整理道床并加以夯实。

(2)曲线地段应回检正矢,并填写曲线正矢检查记录簿。

(3)整修由拨道引起的轨距、水平、高低、暗坑、空吊板和道床变化,达到作业验收标准。

三、技术标准

1. 直线方向不良,用日视方法拨正,无甩弯。用 10 m 弦测量正矢不超 2 mm。

2. 曲线方向不良,可用绳正法测量、计算、拨正。作业后,目视圆顺,用 20 m 弦测量,正矢误差符合表 1—7 规定。

表 1—7　曲线正矢作业验收容许偏差(mm)

曲线半径 R(m)		缓和曲线的正矢与计算正矢差	圆曲线正矢连续差	圆曲线正矢最大最小值差
$R \leqslant 250$		6	12	18
$250 < R \leqslant 350$		5	10	15
$350 < R \leqslant 450$		4	8	12
$450 < R \leqslant 800$		3	6	9
$R > 800$	$v_{max} \leqslant 120$ km/h	3	6	9
	$v_{max} > 120$ km/h	2	4	6

3. 注意控制曲线两端直线位置和轨向,曲线两端无“鹅头”和反弯。曲线始终点、缓和曲线长度、曲线全长、曲线半径、实设超高均应与设备图表保持一致。

4. 拨道时,应注意建筑物及信号机的接近限界,不得侵入建筑限界。

四、作业安全

1. 一次拨道量不超过 30 mm 时,设置作业标防护;一次拨道量超过 30 mm 时,办理封锁施工手续,设置移动停车信号防护。

2. 坚持“无缝线路维修作业轨温条件”,坚持“二清、三测、四不超”制度。

3. 在道岔转辙及可动心轨部分拨道,必须有电务部门配合,在天窗点内作业。

4. 在电气化地段作业,一次拨道量不得超过 ±30 mm;一侧拨道量年度累计不得大于 120 mm,并不得侵入建筑限界。

5. 在接触网支柱不侵入建筑限界的条件下,桥梁上一侧拨道量年累计不得大于 60 mm,且应满足线路中心与桥梁中心的偏差,钢梁不大于 50 mm,圬工梁不大于 70 mm。在 120 km/h < v_{max} ≤200 km/h 地段作业时,钢梁、圬工梁不得大于 50 mm。

6. 在自动闭塞和有轨道电路区段施工时,养路机具、工具、道尺等,均应安装绝缘套管。取放工具不得搭接两股钢轨及绝缘接头、引入线及轨距杆。

7. 施工负责人应掌握列车间隔时间,确定一次拨道长度,并保证在列车到来之前完成顺撬拨道。

8. 来车时,作业人员应及时下道避车,并将作业机具、材料移出线路,放置、堆码牢固,不得侵入建筑限界,两线间不得停留人员和放置机具、材料。

木枕线路改道作业

一、劳动组织及机具材料

1. 劳动组织

除施工防护外，木枕线路改道作业共计需要3人。

2. 机具材料(表1—8)

表1—8 木枕线路改道作业机具材料

序号	名 称	单位	规格	数量	备 注
1	轨距尺	把		1	
2	开口撬棍	把		1	
3	道钉锤	把		1	
4	改道器	个		1	
5	起钉垫	个		1	
6	道木楔	框		1	
7	起拨机	台		1	状态良好
8	轨温计	只		1	
9	作业标	块		2	
10	信号旗	副		1	
11	对讲机	台		1	

二、作业程序

由3人相互配合，1人负责起钉、插木片、削平和拨轨；2人负责改道、修钉、改轨距。

1. 准备作业

(1)校道尺、确定基准股：作业前，负责人校正道尺、确定基准股。直线以方向好的一股为基准股，曲线以上股为基准股；单开道岔以外直股为基准股。

(2)调查、划撬:基准股确定后,开始调查改道处所,在改道处划上符号。

(3)削平:铁垫板或轨底压陷枕木处所,应提前削平。

2. 基本作业

(1)起钉:用撬棍三起三垫垂直起出道钉。先起枕木与铁垫板连接道钉,后起钢轨里外钉。

(2)修理钉孔、插入道钉孔木片:对歪斜钉孔用凿子整修。在旧钉孔中插入注油道钉孔木片。改孔时,必须先钻孔再打入道钉。

(3)用直钉器矫直弯曲道钉。

(4)栽钉前,用起拨机拨动钢轨,量好轨距,使铁垫板外肩紧靠轨底。栽钉时,道钉与轨底应离开 8 mm,并保持垂直。

(5)打钉:两脚骑轨站立,打钉遵从"稳、准、狠、轻"四大要领。

3. 整理作业

(1)作业结束后,应回检轨距与道钉状态,整修不合格处所。

(2)清理现场,回收旧料。

三、技术标准

1. 轨距、方向符合 ±1 mm,轨距变化率正线及到发线不大于 1‰,其他站线不大于 2‰。

2. 道钉应贴靠轨底,垂直打入,使铁垫板外肩贴靠轨底边,不得离缝。无"八害"道钉,"八害"即俯、仰、歪、斜、浮、离、磨、弯。

3. 在辙叉部分改道时,应处理好查照间隔、护背距离和翼轨、护轨轮缘槽宽度之间的关系,应用打磨钢轨肥边和间隔铁加垫片等方法调整好轮缘槽宽度。

四、作业安全

1. 在维修天窗内进行垫板、改道、找小坑、螺栓涂油等频繁移动地点的作业,由现场防护员使用停车手信号防护时,可不设置移动停车信号。在道岔转辙部位及可动心轨部分改道时,须经车站值班员签认,电务部门配合,在天窗内作业。

2. 坚持“无缝线路维修作业轨温条件”；在一股钢轨上一处连续起下道钉或松开扣件的数量：50 kg/m 及以上钢轨不得超过 7 个轨枕头，50 kg/m 以下钢轨不得超过 5 个轨枕头。

3. 来车时，应按规定钉紧或拧紧轨枕。

（1）接头 2 根轨枕和桥枕道钉、扣件齐全有效。

（2）$R\leqslant 800$ m 曲线地段，混凝土枕每隔 1 根拧紧 3 根，木枕每隔 1 根钉紧 6 根；$R>800$ m 曲线及直线地段，混凝土枕每隔 2 根拧紧 1 根，木枕每隔 1 根钉紧 1 根。

4. 在自动闭塞和有轨道电路区段施工时，养路机具、工具、道尺等均应安装绝缘套管。取放工具不得搭接两股钢轨及绝缘接头、引入线及轨距杆。

5. 来车时作业人员应及时下道避车，并将作业机具、材料移出线路，放置、堆码牢固，不得侵入建筑限界，两线间不得停留人员和放置机具、材料。

混凝土枕线路改道作业

一、劳动组织及机具材料

1. 劳动组织

除施工防护外，混凝土枕线路改道作业共计需要 4 人。

2. 机具材料（表 1—9）

表 1—9　混凝土枕线路改道作业机具材料

序号	名　称	单位	规格	数量	备　注
1	轨距尺	把		1	
2	丁字扳手	把		1	
3	小撬棍	根		1	
4	改道器	个		1	
5	尼龙胶座、大小胶垫	个		1	
6	起拨机	台		1	状态良好
7	轨温计	只		1	
8	作业标	块		2	
9	信号旗	副		1	
10	对讲机	台		1	

二、作业程序

由 4 人相互配合，1 人量轨距，划作业符号；1 人松紧螺栓；2 人负责整修扣件、改正轨距。

1. 准备作业

（1）校正道尺，确定基准股：作业前，负责人校正道尺、确定基准股。直线以方向好的一股为基准股，曲线以上股为基准股；单开道岔以外直股为基准股。

（2）调查、划撬：基准股确定后，开始调查改道处所，在改道处划上符号。

2. 基本作业

（1）调整基准股扣板：根据扣板离缝情况，采用翻转或更换尼龙座、轨距挡板进行改道。若遇胶垫破损、歪斜、串出时，应先调换整正。

（2）改正对面股：先量好轨距，根据轨距大小，采用翻转、更换轨距挡板、尼龙座等方法来调整，应先外口，后里口顺序将轨距改好，同时要整正不良胶垫和“三不密”扣板。

（3）对改道区段进行全面涂油。

（4）拧紧轨枕扣件，使扭矩达到 80 ~ 150 N · m。

3. 整理作业

（1）作业结束后，应回检轨距与扣件状态，整修不合格处所。

（2）清理现场，回收旧料。

三、技术标准

1. 轨距、方向 ±1 mm，轨距变化率正线及到发线不大于 1‰，其他站线不大于 2‰。

2. 混凝土枕改道时，扣板与轨底、尼龙座与小胶垫离缝“三不密”不超过 2 mm；扣板与轨底、尼龙座与轨枕挡肩密贴，弹条中部前端下颏离缝不大于 1 mm。大小胶垫歪斜不超过 5 mm，大胶垫端棱不串上轨枕。作业后扣件达到“全、正、紧、靠、润”，弹条扣件扭矩为 80 ~ 150 N · m，半径 600 m 及以下曲线扭矩为 120 ~ 150 N · m。

3. 在辙叉部分改道时，应处理好查照间隔、护背距离和翼轨、护轨轮缘槽宽度之间的关系，应用打磨钢轨肥边和间隔铁加垫片等方法调整好轮缘槽宽度。

四、作业安全

1. 在维修天窗内进行垫板、改道、找小坑、螺栓涂油等频繁移动地点的作业，由现场防护员使用停车手信号防护时，可不设置移动停车信号。在道岔转辙部位及可动心轨部分改道时，须经车站值班员签认，电务部门配合，在天窗内作业。

2. 坚持“无缝线路维修作业轨温条件”。在一股钢轨上一处连续起下道钉或松开扣件的数量:50 kg/m 及以上钢轨不得超过 7 个轨枕头,50 kg/m 以下钢轨不得超过 5 个轨枕头。

3. 来车时,应按规定钉紧或拧紧轨枕。

(1)接头 2 根轨枕和桥枕道钉、扣件齐全有效。

(2)$R \leqslant 800$ m 曲线地段,混凝土枕每隔 1 根拧紧 3 根,木枕每隔 1 根钉紧 6 根;$R > 800$ m 曲线及直线地段,混凝土枕每隔 2 根拧紧 1 根,木枕每隔 1 根钉紧 1 根。

4. 在自动闭塞和有轨道电路区段施工时,养路机具、工具、道尺等均应安装绝缘套管。取放工具不得搭接两股钢轨及绝缘接头、引入线及轨距杆。

5. 来车时,作业人员应及时下道避车,并将作业机具、材料移出线路,放置、堆码牢固,不得侵入限界。两线间不得停留人员和放置机具、材料。

整正道岔连接曲线作业

一、劳动组织及机具材料

1. 劳动组织

除施工防护外，整正道岔连接曲线作业共计需要 5 人。

2. 机具材料（表 1—10）

表 1—10　整正道岔连接曲线作业机具材料

序号	名　称	单位	规格	数量	备　注
1	拨道机	台		3	
2	八折尺	把		1	
3	弦　线	副	20 m	1	
4	捣　镐	把		1	
5	轨温计	只		1	
6	作业标	块		2	
7	活口扳手	把	450 mm	1	
8	石砟叉	把		1	
9	方枕器	台		1	
10	弦　线	副		1	
11	丁字扳手或道钉锤	把		1	
12	石　笔	只		1	

二、作业程序

1. 现场调查收集有关数据

（1）按《铁路线路修理规则》第 3.9.6 条规定，确定连接曲线头尾位置，并做标记。

（2）拨正连接曲线两端直线方向和岔后直股线路方向。

(3)量取线间距:在连接曲线与直线平行地段量取,量 3 处,取均值,即为线间距 D。

(4)用 10 m 弦量取连接曲线正矢,取平均正矢 $f_{平} = \dfrac{\sum f}{N-1}$。

(5)确定道岔号数 N,查阅辙叉转角,道岔后长。

(6)根据平均正矢反求连接曲线既有半径 $R_{既}$。

$$R_{既} = \frac{12\,500}{f_{平}}$$

(7)连接曲线外股钢轨切线长度 $T_{外}$。

$$T_{外} = R_{既外} \tan\frac{\alpha}{2} \approx \frac{R}{2N}$$

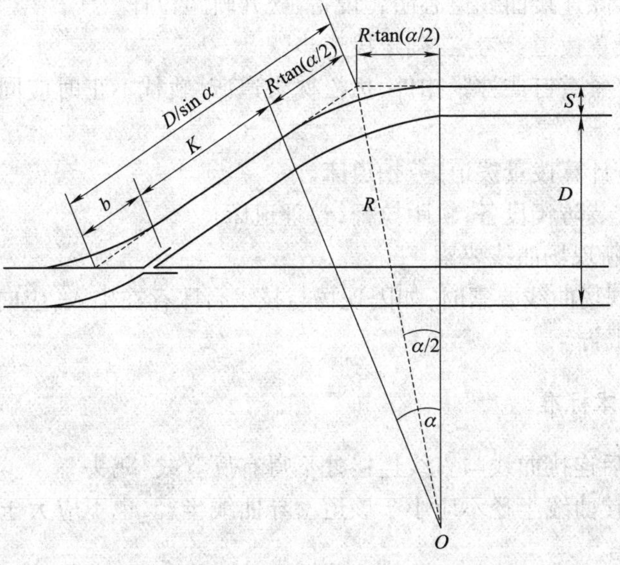

图 1

2. 计算及查表

(1)计算侧股辙叉跟端至连接曲线外股始点的距离 K。

$$K = \frac{N \cdot D}{\cos\alpha} - S \cdot N - m - R_{既外} \cdot \tan\frac{\alpha}{2}$$

式中　D——线间距(m);

$R_{既外}$——连接曲线半径(m);

N——道岔号数;

S——标准轨距(1 435 mm);

α——道岔辙叉角;

m——辙叉跟距(m)。

(2)求连接曲线外股全长 $L_{既外}$。

$$L_{既外} = \frac{\pi \cdot \alpha \cdot R_{既外}}{180}$$

(3)求各点矢距(查曲线系数表)。

(4)用绳正法计算各点拨量。

3. 现场整正

(1)拆除连接曲线道心防爬设备、松开轨距拉杆。

(2)设置拨道参考点,确定拨道步骤。

(3)打紧道钉或拧紧扣件,扒松枕头道床,轨枕不正时应同时进行方正轨枕。

(4)按计算拨量拨道,夯拍道床。

(5)安装防爬设备,轨距拉杆,整理道床。

4. 刷新现场曲线要素

刷新现场曲线要素时,如因现场与技术台账存在出入,应向上级部门上报专题报告。

三、技术标准

1. 岔后连接曲线与直线连接处不得有反弯或“鹅头”。

2. 连接曲线半径不应小于该道岔导曲线半径,也不应大于导曲线半径的1.5倍。

3. 站线道岔与曲线或道岔与其连接曲线之间的直线段长度,不应小于7.5 m,困难条件下不应小于6 m。

4. 连接曲线超高不应大于15 mm,顺坡不应大于2‰。一般12号道岔超高不超过15 mm,9号道岔超高不超过12 mm。

5. 轨距加宽递减率不应大于2‰,困难条件下不应大于3‰。

6. 用10 m弦量正矢,其连续正矢差,到发线不超过3 mm;其他线不超过 4 mm。

四、作业安全

1. 拨道量在 40 mm 以下时用作业标防护；超过 40 mm 应办理封锁施工手续，设置移动停车信号防护。

2. 一次拨道量不得超过 ± 30 mm；一侧拨道量年度累计不得大于 120 mm，并不得侵入建筑限界。

3. 养路机具、道尺及撬棍等均应安装绝缘装置。

4. 作业时，起、拨道机不得安放在绝缘接头及铝热焊缝处，严禁敲打绝缘轨距杆。

5. 放置拨道机具时，注意前后不要碰撞伤人。

6. 来车时，人员、机具、材料及时下道避车，面向列车，防止列车抛落、坠落物或绳索伤人。

钢轨切割、钻孔作业

一、劳动组织及机具材料

1. 劳动组织

除施工防护外,钢轨切割、钻孔作业共计需要 2 人。

2. 机具材料(表 1—11)

表 1—11　钢轨切割、钻孔作业机具材料

序号	名　称	单位	规格	数量	备　注
1	锯轨机	台		1	状态良好
2	钻孔机	台		1	状态良好
3	定位板	个		1	
4	钢卷尺	把	30 m	1	
5	冲　子	支		1	
6	手　锤	把		1	
7	钻　头	支		2	
8	倒棱器	把		1	
9	砂轮片	片		3	
10	石　笔	只		1	
11	扳　手	把	250 mm	1	
12	螺丝刀	把		1	
13	作业牌	块		2	
14	对讲机	台		1	

二、作业程序

1. 准备作业

(1) 备齐切轨、钻孔机械及量具。

(2)线下锯轨时，提前选好钢轨，将钢轨放平、固定。

(3)用钢尺准确量好需要尺寸，并划好锯轨线。

(4)机械热备：安装砂轮片，检查防护罩，启动机械试转 30 s。

(5)按规定戴好护目镜，穿好护腿等劳动保护用品。

2. 基本作业

(1)锯　　轨

①架好切割机，切割片正对锯轨线。

②先从轨头侧面上棱下锯，接近轨底时，要掌握锯轨角度，且不可垂直锯切轨底。

③锯轨完毕，关闭机械，卸掉锯轨机。

(2)钻　　孔

①螺栓孔定位：配套定位板与轨端齐平，在定位板孔位中间，用冲子打上印。

②钻孔：钻孔前，应先固定好钻架，架好冷却水源。机械试转，均匀推进钻头，随时浇水。钻孔后，清除眼孔的毛刺。

(3)倒棱：轨端倒角 60°，顺向宽 1 ~ 2 mm，沿轨顶面向下 8 ~ 10 mm。螺栓孔用专用倒棱器倒棱。

3. 整理作业

(1)作业结束后，应检查钢轨长短、偏斜误差，螺栓孔位置误差。

(2)清理现场，回收旧料。

三、技术标准

1. 选用的钢轨磨耗不超限，无伤损。

2. 钢轨断面应垂直锯断，锯后长度、上下、左右偏斜误差不超过 2 mm。轨端倒棱宽度不大于 2 mm。

3. 钻孔位置上下、左右偏差在 2 mm 以内，螺栓孔间距误差在 2 mm 以内。倒棱后，螺栓孔边缘无裂纹、毛刺，倒棱为 0. 2 ~ 2 mm，倒角 45°。

四、作业安全

1. 线上锯轨应办理封锁施工手续，设置移动停车信号防护；线下锯轨设工地防护。

2. 线下锯轨固定钢轨时，支持物要放置稳固，防止倾倒压伤，钉固钢轨时防止飞钉伤人。

3. 机械操作人员应按规定穿戴劳动保护用品，防止碰伤手脚。

4. 用锯轨机切割钢轨时，其他人员应远离锯轨机两侧和前方，防止锯片破碎或火星伤人。

5. 严禁用乙炔烧孔，或用其他工具强行冲孔，防止碰伤手脚。

更换钢轨作业

一、劳动组织及机具材料

1. 劳动组织

除施工防护外，更换钢轨作业共计需要 8 人。

2. 机具材料(表 1—12)

表 1—12　更换钢轨作业机具材料

序号	名　称	单位	规格	数量	备　注
1	轨距尺	把		1	
2	撬　棍	根		2～3	
3	翻轨器	根		2～3	
4	钢卷尺	把	30 m	1	
5	丁字扳手	把		4	
6	道钉锤	把		1	
7	短路铜线	根	2.5 m	1	
8	轨温计	只		1	
9	停车牌	块		2	正　线
10	信号旗	副		1	
11	对讲机	把		1	
12	吊轨车	台		2	

二、作业程序

1. 准备作业

(1)检查机具材料到位、状态。

(2)认真丈量、复核新旧钢轨长度。

(3)卸下轨距杆、拆除防爬器、臌包夹板等，以及供电、电务、红外线等影响换轨的附属设备。

(4)卸掉夹板第 2 和第 5 螺栓,其他螺栓逐个拆开,涂油加垫圈后拧紧。

(5)散布联结零配件(扣板、胶垫、螺栓、铁垫板、道钉孔木片、道钉)等。

(6)$R \leqslant 800$ m 曲线地段混凝土枕螺栓可隔三卸一,木枕地段隔六卸一,$R > 800$ m 直线和曲线地段混凝土枕可隔一卸一,木枕地段隔二卸一。

2. 基本作业

(1)施工领导人确认封锁施工命令已下达,防护按规定设好后,方可下达施工命令。

(2)卸掉接头全部螺栓和夹板。混凝土枕线路,卸掉轨枕扣件;木枕线路起出道钉。

(3)用翻轨器或撬棍拨出旧轨,拨入新轨,使轨底恰好落槽。

(4)安装夹板连接钢轨,初步安装轨枕扣件,用道尺测量好轨距,调整扣件并拧紧。

(5)将换下旧轨使用吊轨车或翻至指定位置。

(6)检查确认达到放行列车条件,撤除停车信号防护,驻站联络员销号签认,开通线路。

3. 整理作业

(1)补齐接头螺栓、轨枕扣件,安装好防爬设备、轨距杆。

(2)方向不良时,应进行拨道,硬弯轨必须矫直,如有高低接头或左右错牙,必须整正。

(3)回收旧料,集中堆码。

三、技术标准

1. 待换钢轨磨耗不超限,无伤损。

2. 作业后,轨距偏差不超过 ±2 mm,轨距变化率正线及到发线不大于 1‰,其他站线不大于 2‰。

3. 接头错牙(顶面或内侧面):正线及到发线不大于 1 mm,其他线不大于 2 mm。

4. 轨缝不大于构造轨缝,无连 3 及以上瞎缝,轨端肥边不大于 2 mm。

四、作业安全

1. 办理封锁施工手续,设置移动停车信号防护。

2. 更换钢轨作业,须联系电务或供电部门配合,在天窗内进行。

3. 准备阶段禁止超卸轨枕扣件及接头螺栓。

4. 在自动闭塞和有轨道电路区段施工时,养路机具、工具、道尺等均应安装绝缘套管。取放工具不得搭接两股钢轨及绝缘接头、引入线及轨距杆。

5. 来车时,应按规定钉紧、拧紧轨枕和接头螺栓。

(1)每个接头至少拧紧 4 个(每端 2 个)接头螺栓。

(2)接头 2 根轨枕和桥枕道钉、扣件齐全有效。绝缘接头处,道钉头或轨枕扣件不得贴靠夹板。

(3)$R \leqslant 800$ m 曲线地段,混凝土枕每隔 1 根拧紧 3 根,木枕每隔 1 根钉紧 6 根;$R > 800$ m 曲线及直线地段,混凝土枕每隔 2 根拧紧 1 根,木枕每隔 1 根钉紧 1 根。

6. 拨动钢轨必须统一指挥,动作协调一致,拨轨前方及钢轨上严禁站人。注意机具损坏、滑脱或相互碰撞、滑倒伤人。

7. 来车时作业人员应及时下道避车,并将作业机具、材料移出线路,放置、堆码牢固,不得侵入建筑限界,两线间不得停留人员和放置机具、材料。

更换夹板作业

一、劳动组织及机具材料

1. 劳动组织

除施工防护外，更换夹板作业共计需要 2 人。

2. 机具材料（表 1—13）

表 1—13　更换夹板作业机具材料

序号	名　称	单位	规格	数量	备　注
1	轨距尺	把		1	
2	起道机	把		1	
3	活口扳手	把	450 mm	1	
4	丁字扳手	把		1	
5	道钉锤	把		1	
6	开口撬棍	根		1	
7	扭力扳手	把		1	
8	信号旗	副		1	
9	对讲机	把		1	

二、作业程序

1. 准备作业

（1）根据作业轨温情况，检查两端轨缝，必要时锁定两端线路，防止拆开接头后，轨缝变化影响连接。

（2）卸掉 2、5 位螺栓，其他螺栓逐条加垫圈后再拧紧。木枕地段做好枕木削平，起下一个道钉（内外侧各留一个道钉），插入木片。混凝土枕地段将影响作业的轨枕扣件卸松、涂油并复紧。

2. 基本作业(图 1—2)

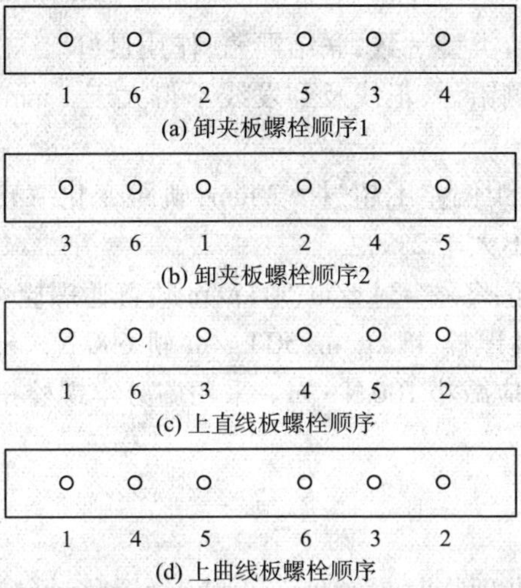

图 1—2 更换夹板卸螺栓和上螺栓作业程序

(1)起钉、卸螺栓:起接头两侧全部道钉起掉,并及时插入木片。混凝土枕卸掉接头两侧轨枕扣件。

(2)卸接头螺栓:将接头螺栓卸掉,先卸 1、3 位螺栓,最后卸 4、6 位螺栓。

(3)更换夹板:拆下旧夹板,检查轨腹、轨端及螺栓孔有无伤损。用小铲和钢丝刷将新夹板上下缘、钢轨头部及螺栓除锈、涂油,扣入新夹板。

(4)上接头夹板螺栓:先用螺丝把尖将夹板串好对齐,再穿入螺栓。上螺栓的顺序:直线上先上最外端两个,再上中间两个,最后上次位两个螺栓;曲线上先上最外端两个,再上次位两个,最后上中间两个螺栓。

(5)上好轨枕扣件或钉齐接头道钉:接头 2 根轨枕道钉、扣件齐全有效。绝缘接头处,钉头或扣件不得贴靠夹板。

3. 整理作业

(1)捣固接头轨枕,消除暗坑、空吊板或低接头。

(2)清理现场,回收旧料。

三、技术标准

1. 夹板与钢轨类型一致,联结严密,作用良好。

2. 轨面及内侧错牙,正线及到发线不得大于 1 mm,其他站线不得大于 2 mm。

3. 作业后,轨距偏差不超过 ±2 mm,轨距变化率正线及到发线不大于 1‰,其他站线不大于 2‰。

4. 螺栓扭力矩:冬季 43 kg/m、50 kg/m 轨普通螺栓 400 N·m,60 kg/m 轨 500 N·m; Ⅰ级螺栓 43 kg/m、50 kg/m 轨 600 N·m,60 kg/m 轨达到 700 N·m,夏季相应减小 100 N·m。采用施必牢螺栓扭力矩达到 1 000 ~ 1 100 N·m。

四、作业安全

1. 普通夹板办理临时封锁施工手续,设置移动停车手信号防护;绝缘夹板办理封锁施工手续,设置移动停车信号防护。

2. 来车时,应按规定钉紧、拧紧轨枕和拧紧接头螺栓。

(1)每个接头至少拧紧 4 个(每端 2 个)接头螺栓。

(2)接头 2 根轨枕和桥枕道钉、扣件齐全有效。绝缘接头处,钉头或扣件不得贴靠夹板。

3. 在自动闭塞和有轨道电路区段施工时,养路机具、工具、道尺等均应安装绝缘套管。取放工具不得搭接两股钢轨及绝缘接头、引入线及轨距杆。

4. 在轨道电路区段作业,必须有电务人员配合,在天窗内进行。

5. 严禁坐在钢轨上卸、紧螺栓,注意螺丝把打滑跌伤。

6. 来车时,作业人员应及时下道避车,并将作业机具、材料移出线路,放置、堆码牢固,不得侵入建筑限界。两线间不得停留人员和放置机具、材料。

更换尖轨作业

一、劳动组织及机具材料

1. 劳动组织

除施工防护外,更换尖轨作业共计需要 8 人。

2. 机具材料(表 1—14)

表 1—14 更换尖轨作业机具材料

序号	名 称	单位	规格	数量	备 注
1	轨距尺	把		1	
2	撬 棍	根		4	
3	翻轨器	根		2	
4	钢卷尺	把	30 m	1	
5	丁字扳手	把		3	
6	道钉锤	把		1	
7	方 尺	把		1	
8	大小活口扳手	把	450 mm、200 mm	各 1	
9	停车牌	块		4	
10	信号旗	副		1	
11	对讲机	把		1	
12	吊轨车	台		2	

二、作业程序

1. 准备作业

(1)检查待换尖轨型号、长度、高度、螺栓孔位置、竖切部分长度,挑选合适尖轨。

(2)将新尖轨搬运到待换位置路肩。

(3)检查基本轨的高度,如基本轨磨耗与新换尖轨不符时,将基本轨一同更换。

(4)对尖轨联结各部螺栓松动涂油后再上紧。

(5)备齐工具,提前联系电务配合施工。

2. 基本作业

(1)在车站办理封锁施工手续,给点后设置移动停车信号防护。

(2)拆卸尖轨跟端接头及连接杆螺栓,并涂油戴帽,放在路肩上。

(3)拨出旧尖轨,放在不影响作业的路肩上。

(4)换入新尖轨,检查、安装间隔铁、尖跟接头夹板、螺栓,安装轨撑、轨枕扣件。

(5)检查尖轨各部几何尺寸。

(6)转辙部分起道捣固,消除暗坑、空吊板。

(7)会同电务部门检查、调整尖轨与基本轨密贴,使尖轨动程及轮缘槽宽度符合要求。

(8)将换下的旧尖轨用吊轨车或翻至指定位置。

(9)确认达到开通条件,撤除停车防护,通知驻站防护办理销记手续。

3. 整理作业

(1)在下道旧尖轨伤损部位打上标记。

(2)修改伤损更换记录及备用轨料台账。

三、技术标准

1. 尖轨竖切部分与基本轨间隙不得大于1 mm。

2. 尖轨顶面宽50 mm及以下断面处,尖轨顶面不得高于基本轨顶面2 mm及以上。尖轨顶面宽50 mm及以上断面处,尖轨顶面不得低于基本轨顶面2 mm及以上。

3. 尖轨非工作边与基本轨工作边的最小距离为65 mm,容许误差为−2 mm。

4. 尖轨尖端轨距验收容许偏差管理值为±1 mm,其他部位为+3、−2 mm,尖跟接头错牙不大于1 mm。

5. 尖轨在第一拉杆中心处的最小动程:直尖轨为142 mm,曲尖轨为

152 mm；AT 型弹性可弯尖轨 12 号普通道岔为 180 mm，12 号提速道岔为 160 mm；18 号道岔允许速度大于 160 km/h 时为 160 mm。

四、作业安全

1. 办理封锁施工手续，设置移动停车信号防护。

2. 在轨道电路上，撬棍应安装绝缘套管。取放工具、抬运钢轨、辙叉及金属料具，不得搭接两股钢轨及绝缘接头、引入线及轨距杆。

3. 抬运钢轨统一指挥，动作协调，防止伤人。

4. 作业中严禁手脚放入尖轨与基本轨之间，防止夹伤手脚。

5. 来车时作业人员应及时下道避车，并将作业机具、材料移出线路，放置、堆码牢固，不得侵入建筑限界。两线间不得停留人员和放置机具、材料。

更换道岔基本轨作业

一、劳动组织及机具材料

1. 劳动组织

除施工防护外，更换道岔基本轨作业共计需要 8 人。

2. 机具材料(表 1—15)

表 1—15　更换道岔基本轨作业机具材料

序号	名　称	单位	规格	数量	备　注
1	轨距尺	把		1	
2	撬　棍	根		2~3	
3	翻轨器	根		2~3	
4	钢卷尺	把	30 m	1	
5	丁字扳手	把		3	
6	道钉锤	把		1	
7	短路铜线	根		1	
8	大、小活口扳手	把	450 mm、200 mm	各 1	
9	停车牌	块		4	
10	信号旗	副		1	
11	对讲机	把		1	
12	扭力扳手	把		1	
13	吊轨车	台		2	

二、作业程序

1. 准备作业

(1)检查基本轨型号、开向及长度、高度、螺栓孔位置，曲基本轨弯折点的矢度是否相符。

(2)将新基本轨搬运到待换位置路肩。

(3)检查尖轨的高度,如尖轨磨耗与新换基本轨不符,将尖轨一同更换。

(4)备齐工具,提前联系电务部门配合施工。

2. 基本作业

(1)在车站办理封锁施工手续,给点后设置移动停车信号防护。

(2)拆卸尖轨跟端接头螺栓、夹板及基本轨轨撑、轨枕扣件,并涂油戴帽,放在路肩上。

(3)拨出旧基本轨,放在不影响作业的路肩上。

(4)拨入新基本轨,检查、安装间隔铁、尖跟接头夹板、螺栓,安装轨撑、轨枕扣件。

(5)检查尖轨各部几何尺寸。

(6)转辙部分起道捣固,消除暗坑、空吊板。

(7)会同电务部门检查、调整尖轨与基本轨密贴,使尖轨动程及轮缘槽宽度符合要求。

(8)将换下旧基本轨使用吊轨车或翻至指定位置。

(9)确认达到开通条件,撤除停车防护,通知驻站防护办理销记手续。

3. 整理作业

(1)在下道旧基本轨伤损部位打上标记。

(2)修改伤损更换记录及备用轨料台账。

三、技术标准

1. 尖轨竖切部分与基本轨间隙不得大于1 mm。

2. 尖轨顶面宽50 mm及以下断面处,尖轨顶面不得高于基本轨顶面2 mm及以上。尖轨顶面宽50 mm及以上断面处,尖轨顶面不得低于基本轨顶面2 mm及以上。

3. 尖轨非工作边与基本轨工作边的最小距离为65 mm,容许误差为-2 mm。

4. 尖轨尖端轨距验收容许偏差管理值为±1 mm,其他部位为+3、-2 mm,尖跟接头错牙不大于1 mm。

5. 尖轨在第一拉杆中心处的最小动程:直尖轨为 142 mm,曲尖轨为 152 mm;AT 型弹性可弯尖轨 12 号普通道岔为 180 mm,12 号提速道岔为 160 mm;18 号道岔允许速度大于 160 km/h 时为 160 mm。

四、作业安全

1. 办理封锁施工手续,设置移动停车信号防护。

2. 在轨道电路上,撬棍应安装绝缘套管。取放工具、抬运钢轨、辙叉及金属料具,不得搭接两股钢轨及绝缘接头、引入线及轨距杆。

3. 抬运钢轨统一指挥,动作协调,防止伤人。

4. 作业中严禁手脚放入尖轨与基本轨之间,防止夹伤手脚。

5. 更换基本轨来车时,应按规定钉紧、拧紧轨枕和接头螺栓。

(1)每个接头至少拧紧 4 个(每端 2 个)接头螺栓。

(2)接头 2 根轨枕和桥枕道钉、扣件齐全有效。绝缘接头处,道钉头或轨枕扣件不得贴靠夹板。

(3)$R \leqslant 800$ m 曲线地段,混凝土枕每隔 1 根拧紧 3 根,木枕每隔 1 根钉紧 6 根;$R > 800$ m 曲线及直线地段,混凝土枕每隔 2 根拧紧 1 根,木枕每隔 1 根钉紧 1 根。

6. 来车时作业人员应及时下道避车,并将作业机具、材料移出线路,放置、堆码牢固,不得侵入建筑限界。两线间不得停留人员和放置机具、材料。

更换辙叉作业

一、劳动组织及机具材料

1. 劳动组织

除施工防护外，更换辙叉作业共计需要8人。

2. 机具材料（表1—16）

表1—16　更换辙叉作业机具材料

序号	名　称	单位	规格	数量	备　注
1	轨距尺	把		1	
2	撬　棍	根		4	
3	翻轨器	根		2	
4	钢卷尺	把	30 m	1	
5	丁字扳手	把		3	
6	道钉锤	把		1	
7	短路铜线	根		1	
8	大、小活口扳手	把	450 mm、200 mm	各1	
9	停车牌	块		4	
10	信号旗	副		1	
11	对讲机	把		1	
12	扭力扳手	把		1	
13	吊轨车	台		2	

二、作业程序

1. 准备作业

（1）检查新旧辙叉长度、翼轨槽宽、辙叉趾跟端开口尺寸及有无伤损。

(2)提前打好电务连接线小孔,并将新辙叉运到待换位置路肩。

(3)调查辙叉前后轨缝,辙叉前后导轨、引轨和短轨轨缝过大或过小,提前均匀并锁定。

(4)松动轨枕扣件和夹板螺栓,涂油并拧紧。换掉锈蚀道钉和夹板螺栓。

(5)备齐工具,提前联系电务部门配合施工。

2. 基本作业

(1)在车站办理封锁施工手续,给点后设置移动停车信号防护。

(2)拆卸辙叉趾跟端接头螺栓、夹板,并除锈涂油。

(3)拆卸辙叉范围螺纹道钉或轨枕扣件,横向拨出旧岔心,放在不影响作业的路肩上。

(4)拨入新岔心,检查、调整轨缝,上好辙叉趾跟端接头夹板、螺栓。

(5)检查轨距及查照间隔、护背距离,拧紧轨枕扣件。

(6)将换下旧岔心使用吊轨车或翻至制定位置。

(7)确认达到开通条件,撤除停车防护,通知驻站防护办理销记手续。

3. 整理作业

(1)起道捣固,消灭叉心暗坑、空吊板,打磨接头错牙。

(2)在下道旧岔心伤损部位打上标记。

(3)修改伤损更换记录及备用轨料台账。

三、技术标准

1. 接头轨顶面及作用边错牙不大于1 mm。

2. 查照间隔不小于1 391 mm,护背距离不大于1 348 mm。护轨平直段轮缘槽宽度42 mm,辙叉心轮缘槽宽46 mm,允许误差为+3、-1 mm。

3. 接头螺栓使用10.9级高强度螺栓,扭矩达到700~900 N·m。

4. 可动心轨竖切部分与翼轨密贴,动程符合设计要求,辙叉尖趾距离误差在容许范围内。

四、作业安全

1. 办理封锁施工手续,设置移动停车信号防护。

2. 准备作业时不得超起、超卸扣件和螺栓。

3. 抬运钢轨统一指挥，动作协调，防止伤人。

4. 来车时，人员、机具、材料及时下道避车，不得侵入建筑限界。

小型机械打磨钢轨作业

一、劳动组织及机具材料

1. 劳动组织

小型机械打磨钢轨作业共需4人,其中驻站及施工防护各1人。

2. 机具材料(表1—17)

表1—17 小型机械打磨钢轨作业机具材料

序号	名 称	单位	规格	数量	备 注
1	仿型打磨机	台		1	状态良好
2	钢直尺	把	1 m	1	
3	活口扳手	把		1	
4	丁字扳手	把		1	
5	塞 尺	把		1	

二、作业程序

1. 准备作业

(1)由养路工长用1 m长直钢尺测量,认真调查好工作量,确定打磨部位及打磨量,并按公里、轨号做好记录,在轨腰上用白漆划上符号。

(2)抬平接头,并捣固坚实。

(3)检查、调整机械状态;检查防护罩、更换砂轮片。

2. 基本作业

(1)两人抬机上道,一人负责打磨机的推动,掌握打磨机的平衡,转动螺杆控制打磨量,使打磨机往复均匀运动;另一人负责用厚薄规(塞尺)测量、控制打磨量,防止打磨过限。

(2)打磨马鞍形接头两轨头高低差时,应先磨高的一端接头,后磨低的一端接头。

3. 整理作业

抬机下道，清理现场，返回工区。

三、技术标准

1. 打磨后轨面平顺，无明显凹陷，用 1 m 直钢尺测量，轨面不平误差不超过 0.5 mm，其纵向顺坡率不大于 1‰。

2. 钢轨接头处有肥边，应同时打磨。

3. 轨端 10 ~ 15 mm 范围易受车轮冲击磨损，打磨时，可比其他部位稍留高一些。

四、作业安全

1. 在线路上焊补、打磨钢轨（不含手提砂轮打磨机）及整治接头错牙，办理封锁施工手续，设置移动停车信号防护。

2. 机械操作人员应按规定穿戴劳动保护用品，作业中不碰伤手脚。

3. 在自动闭塞或轨道电路地段打磨时，打磨机走行轮应绝缘。

4. 钢轨打磨时，其他人员应远离打磨机前方。

5. 来车时，作业人员应及时下道避车，并将作业机具、材料移出线路，放置、堆码牢固，不得侵入建筑限界。两线间不得停留人员和放置机具、材料。

锚固螺栓作业

一、劳动组织及机具材料

1. 劳动组织

除施工防护外，锚固螺栓作业共计需要 2 人。

2. 机具材料（表 1—18）

表 1—18　锚固螺栓作业机具材料

序号	名　称	单位	规格	数量	备　注
1	硫磺锚固料	kg		适量	
2	螺纹道钉	个		适量	
3	小铁锅	口		1	
4	铁　勺	把		1	
5	烫孔器	个		2	空心、实心
6	活口扳手	把	450 mm	1	
7	长柄方口扳手	把		1	
8	锚固架	个		1	
9	防毒口罩	个		1	
10	木　柴	kg		适量	

二、作业程序

1. 准备作业

（1）根据气候条件，按以下规定的质量配合比范围，称好各种材料的一次溶制量。硫磺：水泥：砂子：石蜡为 1：（0.3～0.6）：（1～1.5）：（0.01～0.03）。

（2）先将砂子放入锅内搅拌加热至 100℃～120℃，再将水泥放入锅内搅拌加热至 130℃左右，最后将硫磺和石蜡放入锅内，继续搅拌加热，使溶液混合均匀,由稀变稠成液胶状时即可使用。

2. 基本作业

(1)卸轨枕扣件,烫孔退钉。

(2)清理好钉孔,恢复原来的喇叭形。

(3)堵孔:用粗砂或稻草将孔底封死并捣实,封层厚度不大于 37 mm,Ⅱ型枕净孔深不小于 160 mm,Ⅲ型枕净孔深不小于 190 mm。

(4)摆正锚固架,控制螺纹道钉位置。

(5)溶液一次灌够,但不宜太满。

(6)将螺旋道钉顺锚固架左右旋转垂直插入,螺旋道钉的方圆应高出承轨台面,使用扣板扣件时高出 5 ~ 8 mm,使用弹条扣件时高出0 ~ 2 mm。

3. 整理作业

(1)外溢的溶液凝固后,应铲除干净。

(2)清理现场,回收旧料。

三、技术标准

1. 螺旋道钉的方圆应高出承轨台面,用扣板扣件时高出 5 ~ 8 mm,用弹条扣件时高出 0 ~ 2 mm。

2. 同一承轨台两螺纹道钉中心距离为 214 mm,误差不大于 ±1 mm。最内侧两螺纹道钉中心距,Ⅱ型轨枕为(1 303 ±2)mm,Ⅲ型轨枕为(1 299 ±2)mm。

3. 同一混凝土枕 4 颗螺纹道钉应在同一直线上,偏差不大于 4 mm。

四、作业安全

1. 线上锚固作业,应先设好驻站及工地防护;线下锚固作业,应设工地防护。

2. 熔制锚固料时,炉具应放在距钢轨 5 m 外的下风方向,并避开地下电缆走向位置。炉具支架必须稳固,防止溶液翻倒烫伤。

3. 硫磺不得靠近火源存放,在加热熔化过程中,不可在烧热的空锅内先放入硫磺。

4. 熔制锚固料时,应控制火力,温度不得超过 180℃。

5. 熔制锚固料时,作业人员应戴防护备品,站在上风处。

6. 作业完毕或下班时,必须熄灭火源,清理现场。

更换混凝土轨枕作业

一、劳动组织及机具材料

1. 劳动组织

除施工防护外，更换混凝土枕作业共计需要 7 人。

2. 机具材料

起道机 1 台、轨距尺 1 把、绳套 2 副、抬杠 2 根、捣镐 2 把、石砟叉 2 把、撬棍 1 根、丁字扳手 1 把、大小胶垫、尼龙胶座、弹条扣件适量，见表 1—19。

表 1—19　更换混凝土枕作业机具材料

序号	名　称	单位	规格	数量	备　注
1	起道机	台		1	
2	轨距尺	把		1	
3	绳　套	副		2	
4	抬　杠	根		2	
5	捣　镐	把		2	
6	石砟叉	把		2	
7	大撬棍	根		2	
8	丁字扳手	把		2	
9	大小胶垫			适量	
10	尼龙胶座			适量	
11	弹条扣件			适量	

二、作业程序

1. 准备作业

(1)提前调查换枕位置，并做好符号。

(2)按换枕符号散布好轨枕。

2. 基本作业

(1)拆除影响作业的防爬设备。

(2)先扒开道砟通路,曲线地段在下股开口;并行地段在外股开口。扒砟深度、宽度以能抽出轨枕,换入新枕为原则。

(3)拆卸预换轨枕扣件,集中妥善放置。

(4)用撬棍将轨枕拨到轨枕盒,取下大胶垫,顺道砟槽抽出,抬至不影响作业的路肩放置。

(5)清理枕底:深度较新轨枕底深20 mm左右,宽度300 mm左右,枕底不洁道砟挖出放在路肩上。

(6)穿入新轨枕:4人抬运、穿入新枕,按标准拨正。

(7)安装扣件:一人用绳套吊轨枕,一人串好道砟、放好胶垫,安装、复紧扣件。

(8)串砟捣固:回填石砟,加强捣固。

3. 整理作业

(1)安装防爬设备:将换枕前拆掉的防爬器设备按标准安好。

(2)整理道床:先将挖出的清砟回填至轨枕盒内,然后用石砟叉清筛不洁石砟,把道砟回填到轨枕盒内,整平夯实,并将枕面和钢轨上尘土清扫干净。

(3)回收旧料:将换下旧轨枕集中堆码,零星小料回收工区。

三、技术标准

1. 间距误差和偏斜:正线及到发线不超过50 mm(道岔40 mm);其他线不超过60 mm(道岔50 mm)。

2. 轨底处道床顶面应低于轨枕顶面20~30 mm。Ⅰ型混凝土枕中部道床应掏空,其顶面低于枕底不得小于20 mm,长腰应为200~400 mm;Ⅱ型和Ⅲ型混凝土枕中部道床可不掏空,但应保持疏松。

3. 新换轨枕,单线线路直线地段以左股看齐、曲线地段以上股看齐;复线线路以两线外侧看齐;站线以靠站台一侧看齐。

4. 轨枕扣件扭矩达标,扣板扣件80~140 N·m,弹条扣件80~150 N·m。

四、作业安全

1. 当日连续更换不超过 2 根，办理封锁施工手续，设置移动停车信号防护。在道岔转辙部位及可动心轨部分作业时，必须有电务部门配合，在天窗内作业。

2. 在自动闭塞和有轨道电路区段施工时，养路机具、工具、道尺等，均应安装绝缘套管。取放工具，不得搭接两股钢轨及绝缘接头、引入线及轨距杆。

3. 来车时，应按规定拧紧轨枕。

(1) 接头 2 根轨枕和桥枕道钉、扣件齐全有效。

(2) $R \leqslant 800$ m 曲线地段，混凝土枕每隔 1 根拧紧 3 根，木枕每隔 1 根钉紧 6 根；$R > 800$ m 曲线及直线地段，混凝土枕每隔 2 根拧紧 1 根，木枕每隔 1 根钉紧 1 根。

4. 来车时作业人员应及时下道避车，并将作业机具、材料移出线路，放置、堆码牢固，不得侵入限界，两线间不得停留人员和放置机具、材料。

一般清筛道床作业

一、劳动组织及机具材料

1. 劳动组织

除施工防护外，一般清筛道床作业需要 4 人。

2. 机具材料（表 1—20）

表 1—20　一般清筛道床作业机具材料

序号	名　称	单位	规格	数量	备　注
1	捣　镐	把		2	
2	石砟叉	把		2	
3	铁　锨	把		2	
4	起道机	台		1	
5	筛　子	张		1	
6	抬　筐	把		1	

二、作业程序

1. 准备作业

（1）检查清点作业工具。

（2）按路基弃土要求选好弃土场，整修临时弃土便道。

2. 基本作业

（1）开口：将要筛的第一孔面砟、砟肩的净砟用石砟叉翻在清筛顺序的反向路肩及砟肩上。用捣镐挖至清筛深度，用石砟叉将弃砟翻至路肩堆放。

（2）清筛：接着清筛第二孔，把清砟回填到第一个轨枕孔内；第三个轨枕孔的清砟回填到第二轨枕孔内，依次前进，循序倒筛。用捣镐挖至清筛深度，用石砟叉将弃砟清至路肩堆放。

3. 整理作业

（1）对清筛地段道床按标准整理，并进行夯拍，做到均匀饱满、边坡整齐。

(2)倒运弃土,清理、打扫路肩。

三、技术标准

1. 单线线路清筛至枕底 100 mm,向两侧做成不小于 2‰顺坡,筛至道床坡脚。

2. 复线线路两线间筛至枕底下 50 mm,线路中心线筛至枕底以下 100 mm,在轨枕盒内由内向外侧清筛顺坡至外侧道床坡脚。

3. 清筛后,道砟不足应及时均匀或补充,道床断面应符合《铁路线路修理规则》规定标准。

4. 边坡清筛只筛轨枕头外侧的道砟,以筛到路基面为准,但轨枕端部枕底下应向内抠进 50 ~ 100 mm,以防泥砟堵塞。

四、作业安全

1. 成段清筛枕盒道砟,办理封锁施工手续,设置移动停车信号防护。零星清筛枕盒道砟,设置作业标防护。

2. 坚持“无缝线路维修作业轨温条件”,并逐孔倒筛夯实。

3. 来车时作业人员应及时下道避车,并将作业机具、材料移出线路,放置、堆码牢固,不得侵入建筑限界,两线间不得停留人员和放置机具、材料。

道口看守作业

一、劳动组织及机具材料

1. 劳动组织

道口看守作业需要 1 人。

2. 道口信号、工具备品(表 1—21)

表 1—21　道口看守作业信号、工具备品

顺号	名　称	单位	单班数量		要　求
			单线	双线	
1	信号灯	盏	2	2	置放于易取处
2	信号旗(红色)	面	3	3	置放于易取处
3	信号旗(黄色)	面	1	1	置放于易取处
4	火　炬	支	2	4	置放于易取处,标明出厂及试验日期
5	响　墩	个	6	12	置放于易取处,标明出厂及试验日期
6	口　笛	个	1	2	置放于易取处
7	短路铜线	条	1	2	自动闭塞区段(或站内)道口备用
8	防护杆	根	1	2	长 2 m 能插旗、挂灯
9	钟　表	台	1	1	
10	钢丝绳	条	1	1	长 5 m 以上,两端有套,能拉动机动车辆
11	小撬棍	根	1	1	
12	铁　锹	把	1	1	
13	活口扳手	把	1	1	
14	斧　子	把	1	1	
15	小铁铲	把	1	1	清理轮缘槽用
16	竹扫帚	把	1	1	

续上表

顺号	名　称	单位	单班数量		要　求
			单线	双线	
17	克丝钳	把	1	1	
18	绳　子	条	2	2	栏杆故障时使用
19	照明灯泡	个	2～4	2～4	备　用
20	信号灯泡	个	5～10	5～10	备　用
21	列车无线调度电话	台	1	2	便携式
22	列车无线调度电话	台	1	1	台　式

注:备品要齐全完好,放在干燥易取之处。并根据设备情况要备有应急的料具和除冰雪等工具。

二、作业程序

(一)班前准备

1. 工区应有待班室,道口看守人员提前6～8 h待班休息,保证睡眠充足,精神饱满。

2. 按规定着装、佩戴标志,携带列车无线调度电话等通信设备,接受班前安全教育。

3. 接班人提前10 min到达道口,检查道口设备、工具、信号备品等是否良好、齐全,发现问题及时处理。

(二)班中作业(十项程序)

1. 坚持瞭望:道口看守人员要坚持不间断瞭望,并监视过往行人、车辆通过情况。接到电铃、电话及其他通知来车信号或发现列车开来时,双侧看守道口,应呼喊"上(下)行来车",对方要复诵复示,迅速组织疏散行人和车辆离开道口,落放栏杆,做好接车准备。

2. 维护交通:组织指挥车辆、行人安全通过道口,禁止车辆、行人在道口上停留,严禁机动车辆在道口上交汇。道口两侧不得停放车辆,以免堵塞道口。特别笨重、巨大的物件和可能破坏铁路设备、干扰行车的物体通过道口时,应采取安全和防护措施,并经线路工长许可;在站内还应经车站站长许可;在有轨道电路的区段,还应经信号工长许可;在电气化区段,还应经供电工长许可,并在其协助指导下通过。

3. 落放栏杆:道口工应根据列车速度适时落杆,遇恶劣天气或列车速度大于120 km/h时,道口看守工应提前出务,疏通道口,报警后及时关闭栏杆,确认线路无障碍,正确显示接车信号。

4. 迎送列车:落放栏杆后,看守人员要左手持拢起的黄旗,右手持拢起的红旗(夜间为白色灯光),站在栏杆或栏门以外安全处所迎送列车,并注意行人钻越栏杆和列车运行状态。

5. 开放栏杆(栏门):列车通过道口后,确认其他线无再来车时,方可开放。多人看守道口,来车时要执行呼唤应答制,相互协调一致。

6. 疏通道口:开放栏杆后,看守人员应迅速指挥疏导车辆行人,依次通过道口,防止堵塞。

7. 翻牌制度:道口看守人员要牢记旅客列车通过的道口时刻,有旅客列车通过时,要提前出务,加强瞭望,做好接车准备;列车通过后,将通过列车对应的标牌翻转到背面,同时注意下趟客车通过时间。

(三)班后活动

1. 汇报制度:道口设备不良或发生不安全问题,除交班时交清外,还要及时通知工长,必要时向上级领导汇报解决。

2. 学习制度:道口工要按规定参加政治、业务及有关规章制度学习和安全分析会。

3. 会议制度:每月由工长组织召开一次对规、总结评比会。

4. 设备整修:按照分工整修道口设备和线路外观。美化环境,保持设备完好,外观整洁。

三、技术标准

1. 精神饱满,服装整齐。
2. 信号显示、姿势正确。
3. 起落杆时间恰当,动作稳定。

四、作业安全

1. 信号防护及工具备品齐全。
2. 正确使用(显示)信号。
3. 无其他不安全因素。

整修道口作业

一、劳动组织及机具材料

1. 劳动组织

除施工防护外，整修道口作业需要6人。

2. 机具材料（表1—22）

表1—22　整修道口作业机具材料

序号	名　称	单位	规格	数量	备　注
1	起道机	台		1	
2	轨距尺	把		1	
3	撬　棍	把		2	
4	捣　镐	把		2	
5	石砟叉	把		2	
6	丁字扳手	把		2	
7	框　子	只		1	
8	油　漆	kg	红、黄、白、黑	各3	
9	铁　锹	把		1	

二、作业程序

1. 准备作业

（1）调查道口设备情况，查清工作量（含动静态病害）。

（2）提前3天在道口两侧张贴道口整修警示标语。

（3）提前倒运机具材料到道口旁。

2. 基本作业

（1）拆除道口铺面、护轮轨，放置在限界以外。

（2）全面清筛枕盒道床及边坡土垄。

(3)更换失效轨枕,更换失效联结零件及大胶垫。

(4)整修轨道几何尺寸,回填石砟,加强捣固,消灭暗坑、空吊板。

(5)安装护轨、道口板,破损道口板要更换。

3. 整理作业

(1)撤除移动停车信号防护,改设作业标防护。

(2)刷新道口标志。

(3)清扫铺面上、轮缘槽内脏物,倒运弃渣至限界以外。

(4)清理现场,回收旧料。

三、技术标准

1. 道口铺面平整稳固,与钢轨顶面平齐,但在钢轨头部外侧距轨头50 mm 范围内,铺面应低于轨面 5 mm。护轨轮缘槽宽度,直线 70 ~ 100 mm,曲线下股 90 ~ 100 mm;轮缘槽深度为 45 ~ 60 mm。

2. 护桩设在通向道口的公路两侧,对称安设 3 ~ 5 根钢轨护桩。第一根护桩距最外股钢轨 2. 5 m,护桩间距为 1. 5 m,高出路面 0. 85 m,并涂有 100 mm 高的黑白相间段。护桩布置由里向外呈喇叭口形,靠线路第一对护桩间距不得大于道口铺面宽度。

3. 有人看守道口的栏木或栏门,表面涂 250 mm 宽黑白(监护道口为 300 mm 宽白红)相间段。栏木以开放道路为定位。抬杆后,公路边距栏杆高度不小于 3. 5 m,距公路边 0. 75 m 处,路面距栏杆高度不小于 5. 0 m。落杆后,栏杆应处于水平位置,距路面高 1 ~ 1. 2 m。

4. 道口标志:道口警标设在通向道口道路右侧,距最外股钢轨不少于 20 m 处道路右侧。标志下沿距路面 1. 8 ~ 2. 5 m。立柱正面上方 400 mm范围内刷写白底黑字“小心火车”,背面刷写“公安局设”,以下为 200 mm 黑白相间段。

道口禁标设在无人看守道口通向道口道路右侧,距最外股钢轨 5 m 处。标志下沿距路面 1. 8 ~ 2. 5 m。立柱正面上方 400 mm 范围内刷写白底红字“停车让行”,背面刷写“公安局设”,以下为 200 mm 黑白相间段。

四、作业安全

1. 翻修道口铺面(不动基础),应办理封锁施工手续,设置移动停车信号防护(包括铁路和公路防护)。

2. 宽度在5 m以上的繁忙道口,分两次整修。

3. 抬运道口板时,人员步调一致,防止受伤。

4. 来车时作业人员应及时下道避车,并将作业机具、材料移出线路,放置、堆码牢固,不得侵入建筑限界,两线间不得停留人员和放置机具、材料。

胶接绝缘接头作业

一、劳动组织及机具材料

1. 劳动组织

除施工防护外,胶接绝缘接头作业共计需要5人。

2. 机具材料(表1—23)

表1—23　胶接绝缘接头作业机具材料

序号	名　称	单位	规格	数量	备　注
1	拉轨器	台		1	
2	活口扳手	把		2	
3	丁字扳手	把		2	
4	扭力扳手	把		1	
5	起道机	台		1	
6	捣　镐	把		1	
7	轨距尺	把		1	
8	手提砂轮机	台		1	
9	大撬棍	把		1	
10	道钉锤	把		1	
11	短路铜线	根		1	
12	倒棱器	把		1	
13	角磨机	把		1	
14	轨温计	只		1	
15	盒装绝缘夹板及粘接胶	套		1	

二、作业程序

1. 准备作业

(1)提前联系电务配合施工。

(2)提前锁定两端各 15 m 线路。

(3)调整扭力扳手扭矩,60 kg/m 轨螺栓扭矩 1 200 N · m;50 kg/m 轨螺栓扭矩 1 100 N · m。

2. 基本作业

(1)拆除接头螺栓,卸下旧夹板,检查轨腹、轨端及螺栓孔有无伤损。

(2)调整轨缝,保持绝缘轨缝 6 ~ 8 mm。

(3)胶接绝缘夹板及绝缘套管对位试穿,6 个螺栓全部顺利通过后,进行下步作业。

(4)钢轨除锈:用角磨机和砂布对轨腰及 1 ∶ 3 斜面除锈;用板锉和角磨机打磨轨端并倒角;用砂布将夹板内侧面及 1 ∶ 3 斜面防锈胶打掉;用毛刷、棉纱扫去灰尘。

(5)调胶:在调胶板上按 1 ∶ 1 比例调胶;将胶均匀涂在夹板内侧;在夹板上下 1 ∶ 3 斜面上均匀涂抹。从调胶到拧紧螺母不超过 10 min。

(6)安装夹板:放入轨端绝缘板;用对位棒将夹板挑入轨腰;将带绝缘套管的螺栓交叉穿入螺栓孔,带上垫圈,拧上螺母。

(7)上紧接头螺栓:用活口扳手按 2 号、5 号、1 号、3 号、4 号、6 号顺序复紧螺栓;用扭力扳手拧紧两遍,并使扭力扳手发出声响。

3. 整理作业:回收旧料,集中堆码。

三、技术标准

1. 安装前,几何尺寸符合维修验收标准,轨枕位置及间距符合规定,且无暗坑、空吊板。

2. 钢轨状态良好,接头无伤损、低塌、鞍磨、掉块、肥边,接头错牙不大于 1 mm。

3. 60 kg/m 钢轨螺栓扭矩应达到 1 200 N · m;50 kg/m 钢轨螺栓扭矩应达到 1 100 N · m。

4. 轨端绝缘板应与轨顶面齐平,严禁凸出。

5. 绝缘性能复测:安装完毕后,测量绝缘电阻值应大于 2 kΩ;当胶粘剂完全固化后,在干燥状态下测量电阻值应大于 10 kΩ。

四、作业安全

1. 办理封锁施工手续,设置移动停车信号防护。

2. 在线路上胶接绝缘接头时,须经车站值班员签认,电务部门配合,在天窗内作业。

3. 来车时,应按规定拧紧轨枕和接头螺栓。

(1)每个接头至少拧紧 4 个(每端 2 个)接头螺栓。

(2)接头 2 根轨枕道钉、扣件齐全有效,道钉头或轨枕扣件不得贴靠夹板。

4. 来车时作业人员应及时下道避车,并将作业机具、材料移出线路,放置、堆码牢固,不得侵入建筑限界,两线间不得停留人员和放置机具、材料。

铝热焊作业

一、劳动组织及机具材料

1. 劳动组织

除施工防护外,铝热焊作业共计需要 8 人。

2. 机具材料(表 1—24)

表 1—24　铝热焊作业机具材料

序号	名　称	单位	规格	数量	备　注
1	锯轨机	台		1	
2	液压拉伸机	台		1	
3	除瘤机	台		1	
4	仿型打磨机	台		1	
5	起道机	台		1	
6	氧气及乙炔设备	套		1	
7	对正架	副	A 型	1	
8	手提砂轮打磨机	台		1	
9	轨距尺	把		1	已校正
10	钢直尺	把	1 m	1	
11	轨温计	只		1	
12	短路铜线	米	70 mm^2	30	
13	角磨机	台		1	
14	焊剂及坩锅	套		1	有　效
15	砂轮片	张		3	

二、作业程序

1. 准备作业

(1)预先了解焊接钢轨型号、类别,正确选择焊剂类型。

(2)专人清点焊接所需材料、工具,以防漏带,影响施工。

(3)检查施工设备和气瓶,乙炔瓶与明火距离不得小于 10 m,与氧气瓶间距离不得小于 5 m。

(4)拧紧焊接钢轨两端各 15 m 轨枕扣件,确保焊接时,轨缝间隙不得发生位移。

(5)标定轨长:按设计长度丈量轨长,并作出标定。

(6)除锈:用角磨机对钢轨端部、两侧和轨底 100 ~ 150 mm 范围除锈去污。

2. 基本作业

(1)按轨长标定符号切轨、更换缩短轨(焊缝距轨枕边缘不小于 40 mm)。

(2)对轨:

①以轨底角为基准,控制轨缝宽度:施密特焊剂(28 ± 2) mm,拉伊台克焊剂(25 ± 2) mm。

②尖点调整:将 1 m 直尺的中点与焊缝中点重合,用钢楔子或对正架进行高度调整,使焊缝两侧 0. 5 m 处钢轨与直尺间隙 1. 5 ~ 2. 0 mm。

③水平对正:用 1 m 直尺分别检查焊缝两端钢轨轨头、轨腰、轨角是否平直。

(3)夹具安装:用多用塞尺测定安装位置,调整预热器高度,枪头到轨面高度为 40 mm。

(4)砂磨安装:

①对钢轨两端 1 m 范围内烘烤排除钢轨内部水分。

②将砂磨与钢轨接触面进行摩擦,使砂磨与钢轨结合部密贴。

③将砂磨浇注孔与左右轨底角对称,确保两侧轨底受热均匀。

(5)封箱:按程序进行。封箱后,严禁碰撞钢轨,防止反应时钢水外流或焊缝平直度。

(6)预热:

①先少开氧气阀门,后打开乙炔阀门,交替调节两气阀,直到氧气阀门完全打开。通过调节乙炔阀门来调节火焰大小,保持蓝色火焰 40 ~ 50 mm长,火焰为中性。

②工作压力控制:乙炔 1. 0 bar,氧气 3. 5 bar。

③预热过程:在预热过程中,密切关注轨头受热颜色变化过程,轨头预热完成的温度为950℃ ~1 000℃,其颜色为红色。拉伊台克为6 ~7 min,施密特为4 ~5 min。

(7)使用坩锅:从焊剂包中取出焊剂,混合均匀,将焊剂倒入坩锅中,并使其顶部成锥形,插入高温火柴,盖上坩锅盖。预热完后立即安置坩锅。

(8)焊剂高温反应:

反应时间:拉伊台克为6 ~7 s,施密特为4 ~5 s。沉定时间为10 ~18 s。

反应后,应让铁水在坩锅中冷却10 min后,确定钢水不会漏下来时,才能移动坩锅。

(9)拆模:反应完成5 min后,移去坩锅,并将其放在干燥的地方,然后移去灰渣盘,并将灰渣倒入坩锅中,保持环境干净。

(10)推瘤:反应完成后6 ~7 min开始除瘤,20 min后可打掉浇注棒。

(11)打磨:除瘤后进行热打磨,焊头高出轨面0.8 mm。浇铸完1 h后进行冷打磨。

3. 整理作业

(1)撤除防护,放行列车(焊缝温度应低于300℃)。

(2)探伤:轨温降到40℃以下时,立即对焊缝探伤,发现缺陷立即加固处理。

(3)回收旧料,集中堆码。

三、技术标准

1. 无缝线路地段焊接钢轨,焊接后的锁定轨温必须满足《铁路线路修理规则》第3.10.15条的规定。

2. 严格执行《铁路线路修理规则》第4.6.6条的规定,焊接时轨温应不低于0℃,放行列车时,轨温应在300℃以下。焊缝探伤时,轨温应降到40℃以下。

3. 不同材质的钢轨焊接应选用相匹配的焊剂,否则不得进行焊接。60 kg/m钢轨的几种常用铝热焊剂的技术参数见表1—25。

4. 低温焊接时,必须对轨端各1 m范围内进行预热处理,预热后的轨温应不低于 37℃;采用拉伸器拉伸钢轨控制锁定轨温进行焊接时,钢轨温度降至 370℃以下或在浇铸完成 30 min 后方可将拉伸机卸载。

5. 无缝线路断轨资料记录齐全(断轨时间、断轨里程、断轨位置、锁定温度、断缝大小、插入短轨时间、短轨长度、插入短轨时轨温、现场标尺长度、何时进行再焊、再焊后的锁定温度等)。

6. 认真填写焊轨记录,1 个焊头 1 张表。

表 1—25　60 kg/m 钢轨几种常用铝热焊剂的技术参数

项　　目	施密特焊剂	拉伊台克焊剂
轨缝宽度	(28 ±2)mm	(25 ±2)mm
钢轨对正尖点设置	+1.5 ~2.0 mm	+1.6 mm
预热时丙烷压力	0.1 MPa	0.07 MPa
预热时氧气压力	0.35 MPa	0.49 MPa
预热时间	6.5 min	5 min
拆模时间(浇铸完成后)	4.5 min	5 min
推瘤时间(浇铸完成后)	6.5 min	6.5 min
冷打磨时间(浇铸完成后)	1 h	1 h
拆除对正架(浇铸完成后)	45 min	45 min
两端轨头允许高度差	≤3 mm	≤3 mm
低温焊接的定义	轨温低于 -3℃	轨温低于 15℃

四、作业安全

1. 在线路上焊接钢轨,焊补、打磨钢轨(不含手提砂轮打磨机)及整治接头错牙,办理封锁施工手续,设置移动停车信号防护,封锁时间应不少于 90 min。

2. 行车安全。施工防护、机具材料摆放、放行列车条件等均按照《铁路工务安全规则》执行。

3. 人身安全:

(1)使用氧气乙炔设备时,操作人员必须按规定穿戴劳动保护用品,其他人员应远离喷嘴前方,防止烧伤。

(2)高温反应时,操作人员站在坩锅 3 m 以外。

4. 消防安全:废弃坩埚、灰渣等必须就近随地掩埋,严禁放弃在易燃品附近。

5. 现场材料在工地过夜时,必须派人看守。

大型养路机械捣固配合作业

一、劳动组织及机具材料

1. 劳动组织

除拆除护轨和道口人员及施工防护外，大型养路机械捣固配合作业需要 14 人。其中检查曲线正矢 3 人，检查水平 1 人，封镐窝、整道床 10 人。

2. 机具材料(表 1—26)

表 1—26　大型养路机械捣固配合作业机具材料

序号	名　称	单位	规格	数量	备　注
1	轨距尺	把		1	
2	弦　线	副	30 m	1	
3	八折尺	把		1	
4	起拨机	台		3	
5	捣　镐	把		2	
6	石砟叉	把		10	
7	丁字扳手	把		3	

二、作业程序

(一)前期准备

1. 成立施工领导小组，制定施工安全技术组织措施，细化高温季节作业防胀保安措施。

2. 开工前，对施工作业人员进行技术交底和安全教育，职工经考试合格后持证上岗。驻站联络员、随车防护人员必须由经考试合格、业务熟练、责任心强的职工担任。

3. 清筛枕盒不洁道床和边坡土垄，对翻浆处所进行清挖。

4. 更换、方正和修理轨枕，轨枕间距偏差或偏斜不得大于 20 mm。

5. 整修、更换和补充、复紧联结零件。

6. 对线路、道岔平纵断面进行测量，并对数据结合技术台账进行优化。

7. 根据计划起道量和现场设备状况，缺砟地段补充道砟，大型养路机械施工前必须完成。

8. 调查道砟厚度不足 150 mm 的桥梁等不能捣固处所。

9. 曲线超高不合理的应重新计算确定超高和单股抬道量。

10. 施工前向工务机械段提供的资料。

(1)工务设备综合图、配线图。

(2)曲线详细资料(单圆曲线、超高顺坡与曲率顺坡不同步时超高顺坡伸入直线或圆曲线的长度要特别注明；复心曲线注明两圆连接的缓和曲线长度、位置)。

(3)无缝线路锁定轨温资料。

(4)漫塘、漫弯地段起讫里程及长度，提供起、拨道量作业表(供电段、机械段各 1 份)。

11. 将曲线四大桩位置标注相应里程的枕木内侧。

(二)施工当天准备工作

1. 根据计划起道量和现场设备状况，补充枕盒道砟。

2. 在轨枕内侧标注起道量(不宜小于 30 mm)，接头、桥梁两端及道口重捣处所标示"Ⅱ"。

3. 根据测量后的起拨道量，在轨枕内侧用白油漆进行标注，同时用箭头标明拨道方向。

4. 对不能拆除的障碍物，应在线路上做好醒目标记。

5. 拆除枕下道床厚度超过 150 mm 桥梁护轮轨。

6. 拆除捣固区段所有调高垫板，接头或焊缝大胶垫。

7. 拆除道口、地锚拉杆，整理防爬设备，串移轨距杆紧靠一侧轨枕，靠贴方向要一致。

(三)施工中的要求

1. 根据工务机械段的需要派驻施工列车带道司机。

2. 现场有 1 名职务不低于主任领工员干部随车配合指挥。

3. 负责大型养路机械作业区两端及工务段作业范围的施工防护。

驻站联络员提前1小时在受令车站，认真登记《运统—46》要点，及时通知施工负责人。防护员对讲机频道与工务机械段对讲机频道相同，工地防护加强与驻站联络员及施工负责人联系，及时通报施工作业区段邻线来车情况，确保施工和人身安全。

4. 施工负责人接到封锁命令后，确认捣固机已进入作业区段，通知两端防护员设置移动停车信号防护，发布施工命令。每台捣固机前后各50 m设置防护员，手持展开红旗随车移动。

5. 每台车安排随车质量检查人员，检查轨距、水平、高低、轨向、三角坑、曲线正矢等项目作业质量，发现不良及超限处所应立即通知施工作业人员返工处理。检查人员与捣固车保持不少于5 m的距离，确保人身安全。

6. 每台车后组织10人随车封填镐窝，整理道床，处理零星超限处所。凡大型养路机械不能捣固处所，应在封锁点内组织人员进行小型机械捣固。

7. 无缝线路大机捣固作业，坚持"三测"制度，指派专人测量轨温，并做好记录。监督工务机械段轨温"三测"制度执行。如发现胀轨迹象应立即配合工务机械段进行处理。

（四）施工后要求

1. 大型养路机械施工封锁前的准备作业、线路开通后的整理作业，如需办理施工慢行手续，应设置移动减速信号防护。

2. 大型养路机械施工作业后，及时恢复桥梁护轨、道口、地锚拉杆和防爬器等，确保行车安全。

3. 高温季节，大型养路机械作业后3日内，应加强9:30～17:30设备巡查，防止胀轨跑道。

三、技术标准

1. 线路捣固作业标准（表1—27）

表1—27　线路捣固作业标准（mm）

作业项目	作业验收
水　平	2
高　低	2

续上表

作业项目	作业验收
轨　向	2
三角坑	2
超高顺坡率	不大于1‰

2. 曲线正矢作业标准(表1—28)

表1—28　曲线正矢作业标准(mm)

缓和曲线正矢与计算正矢差	圆曲线正矢连续差	圆曲线正矢最大最小值差
2	3	4

3. 大型养路机械维修道岔作业标准(表1—29)

表1—29　大型养路机械维修道岔作业标准(mm)

作业项目	作业验收
水　平	2
高　低	2
轨　向	2
三角坑	2
导曲线反超高	0

四、作业安全

1. 设置驻站及工地防护,登记《运统—46》施工天窗点内进行。
2. 大型养路机械施工时,认真执行作业轨温条件,并做好记录。
3. 随车检查及作业人员距离捣固车不少于5 m,并注意到车安全。

道口故障处理作业

一、劳动组织及机具材料

1. 劳动组织

道口故障处理作业需要1人。

2. 工具及信号备品(表1—30)

表1—30　道口故障处理作业信号、工具备品表

顺号	名　称	单位	单班数量		要　求
			单线	双线	
1	信号灯	盏	2	2	置放于易取处
2	信号旗(红色)	面	3	3	置放于易取处
3	信号旗(黄色)	面	1	1	置放于易取处
4	火　炬	支	2	4	置放于易取处,标明出厂及试验日期
5	响　墩	个	6	12	置放于易取处,标明出厂及试验日期
6	口　笛	个	1	2	置放于易取处
7	短路铜线	条	1	2	自动闭塞区段(或站内)道口备用
8	防护杆	根	1	2	长2 m能插旗、挂灯
9	钟　表	台	1	1	
10	钢丝绳	条	1	1	长5 m以上,两端有套,能拉动机动车辆
11	小撬棍	根	1	1	
12	铁　锹	把	1	1	
13	活口扳手	把	1	1	
14	斧　子	把	1	1	
15	小铁铲	把	1	1	清理轮缘槽用
16	竹扫帚	把	1	1	

续上表

顺号	名称	单位	单班数量		要　求
			单线	双线	
17	克丝钳	把	1	1	
18	绳　子	条	2	2	栏杆故障时使用
19	照明灯泡	个	2~4	2~4	备　用
20	信号灯泡	个	5~10	5~10	备　用
21	列车无线调度电话	台	1	2	便携式
22	列车无线调度电话	台	1	1	台　式

注:备品要齐全完好,放在干燥易取之处。并根据设备情况要备有应急的料具和除冰雪等工具。

二、作业程序

(一)设置防护

1. 推合短路闸刀,按动遮断信号机按钮。

2. 呼叫列车司机和车站,关闭公路栏杆、栏门。

3. 立即在道心插设防护杆,白天挂红旗,夜间挂红灯。

4. 展开红旗,奔向来车方向,在距道口一定距离(能赶到的地点)设置响墩,拦停列车。

5. 返回故障地点,处理故障。

(二)故障处理

1. 确认已设好防护的前提下,争分夺秒,积极组织过往车辆、行人协助处理。

2. 故障排除后,要迅速撤除防护信号,开通线路,放行列车。

三、技术标准

1. 必须先设好防护(必须使列车在故障地点前停车),后排除故障。

2. 尽最短时间开通线路,放行列车。

3. 在处理故障时,道口工必须进行现场取证。

(1)机动车辆取证内容:肇事车辆的牌照号码、所属单位、司机姓名、年龄、性别、驾驶证号码，车辆行驶方向，列车车次及停车时间。

（2）如遇行人挡道停车时，取证内容：肇事人姓名、年龄、性别、工作单位、家庭住址等。同时，应尽可能留取证人和证词。

四、作业安全

1. 设置停车防护执行《铁路工务安全规则》第2.2.12条。

2. 防护设置无摔倒、碰伤现象。

巡 道 作 业

一、劳动组织及机具材料

1. 劳动组织

巡道作业需要 1 人。

2. 机具材料(表 1—31)

表 1—31　巡道作业机具材料

序号	名　称	单位	规格	数量	备　注
1	对讲机	台		1	状态良好
2	活口扳手	把	450 mm	1	
3	信号旗	副		1	或信号灯 1 盏
4	喇　叭	只		1	
5	火　炬	只		2	
6	响　墩	只		6	
7	区间电话	部		1	
8	短路铜线	根	2. 5 m	1	
9	八折尺	把		1	
10	石砟叉或加力杠	把		1	
11	轨温计	只		1	

二、作业程序

(一)班前准备

1. 接班前休息好,接班前后不饮酒。

2. 按规定着装,按时交接班,接受班前安全教育。

3. 上道前,检查工具、信号、备品是否齐全。

(二)基本作业

1. 按巡回图规定路线、速度行走,并勤回头瞭望,注意来车。

2. 除隧道地段外,禁止走道心、枕木头。

3. 巡查中,对重点地段和关键部位认真检查,伤损设备实名登记。

4. 当班期间的安全情况,设备病害,注意事项,补修工作,急待处理的问题(记录在交接班记录本内)。

5. 迎车制度。

(1)发现列车开来时,应及时下道,站在路肩上距离钢轨不少于2.5 m以外的地方迎车(白天高举卷起的黄旗,夜间为白色灯光)。

(2)当列车接近和通过时,应面向列车尾部,观察列车动态,防止散落货物和绳索伤人。如发现列车货物坠落,车辆燃轴、制动梁脱落、列车分离等重大不安全情况,应向列车发出停车信号。

6. 换牌(读点)。

(1)巡道(守)工按巡回图规定的时间、地点进行巡回区之间的换牌,双方确认牌号无误,方可交换。

(2)在指定换牌地点,超过规定换牌时间30 min后,如相邻巡回区的巡道(守)工还未到达,应越界检查直到遇上该巡道(守)工或到相邻巡回区的驻地为止,并将情况向驻在点负责人或值班人反映。

(3)使用巡检信息系统的单位,巡道(巡守)工要按段定期收集信息的要求,会同工长在工区连接好远程通信座,以便段准确收集。

7. 遇线路故障,必须遵循"先防护,后处理"的原则。能消除的立即消除;如不能立即消除,立即在故障地点设好防护,报告工长或车间主任,等候处理。

(三)班后汇报

1. 发现线桥(含封闭网)严重病害,应及时向工长汇报,工长听取汇报后,在巡道(守)工检查记录本上签字,并及时组织整修。巡道(守)工确认病害消除后,应在记录本上签字注销。

2. 在区间线路上发现路外伤亡时,应做出标记,将伤亡人员移出线路,对伤者尽力抢救并设法向就近车站报告。

3. 对道口标志、防断设施、封闭网、桥梁防护限界架按规定检查,缺损时及时汇报,确认补齐后销记。

4. 巡回接车时,要注意车辆及货物装载状态,如发现货物坠落、车辆燃轴、制动梁脱落等不安全情况,应及时向车辆发出停车信号或向邻近车站汇报。

5. 两人一班要相互监督，发现防护不认真、巡检不认真，都要向工长汇报。

三、技术标准

1. 带齐信号备品、工具和应急材料。

2. 按巡回图规定线路和速度行走、巡查。

3. 记名检查伤损轨，重点地段和关键部位细走慢看，详细检查。

4. 严禁以车代步或雇人巡查设备。

四、作业安全

1. 巡道工应携带列车无线调度电话等通信设备，随时监听列车运行情况，做好下道避车准备；发生异常情况时可直接通报车站值班员或列车司机。

2. 线路允许速度 $v_{max} \leqslant 120$ km/h 的区段，遇有降雾、暴风雨（雪）、扬沙等恶劣天气及瞭望困难地段，巡道工应在路肩行走，并注意察看线路状态。

线路允许速度 $v_{max} > 120$ km/h 的区段，巡道工应在路肩行走，并注意察看线路状态；也可实行双人巡道，其中一人专职防护。

3. 巡道工在巡查时，不得衣帽遮耳，以免妨碍听觉。

4. 夜间及有暴风雨雪和大雾的白天，因视线不良，巡查时应显示两面灯光的信号灯。如信号灯熄灭时，应立即离开线路到路肩上行走。

5. 在与公路或江河并行地段、深堑和曲线地段巡查时，应勤回头瞭望，注意背后来车，以防被机动车辆、船只的响声和鸣笛声混淆，妨碍听觉。

6. 在站内巡查线路时，除注意运行列车和机车作业外，还应注意车站变更列车进路，决不能凭经验臆测行事。

7. 在区间或站内正线上作业，应距离列车本线不少于 800 m，邻线不少于 500 m 下道避车，下道避车必须在本线一侧路肩。线路图定速度大于 120 km/h 的地段，列车到达前 10 min 下道完毕。站内作业时，禁止在其他股道上避车；穿越股道时必须坚持“一停、二看、三通过”，确认各股道无车开来时方准通过,严禁来车时抢越。

8. 在没有避车台的桥梁或避车洞的隧道内巡查线路时,应“一停、二看、三通过”。通过时要有充裕时间,在列车通过桥梁、隧道以前,能顺利走出桥梁、隧道以外。如有避车台或避车洞,在列车通过时,应先进入避车台或避车洞,或走出桥梁、隧道。

9. 列车通过后,确认没有续行列车、机车或轨道车等开来,邻线上也没有列车开来,再上道继续巡查。

线路临时故障防护作业

一、劳动组织及防护信号备品

1. 劳动组织

线路临时故障防护作业需要1人。

2. 防护信号备品(表1—32)

表1—32　线路临时故障防护作业信号备品

序号	名　称	单位	规格	数量	备　注
1	信号旗	副		1	3红1黄
2	喇　叭	只		1	
3	火　炬	只		2	
4	响　墩	只		6	
5	扳　手	把	450 mm	1	
6	巡道锤	把		1	
7	扣　件	套		2	混凝土枕配用
8	对讲机	台		1	
9	短路铜线	根	2.5 m	1	

二、作业程序

1. 立即使用列车无线调度电话等通信设备通知车站或运行列车,并在故障地点设置停车信号。如瞭望困难,遇降雾、暴风雨(雪)、扬沙等恶劣天气或夜间,还应点燃火炬。设有固定信号机时,应先使其显示停车信号。

2. 当确知一端先来车时,应先向该端,再向另一端放置响墩(图1—3),然后返回故障地点。

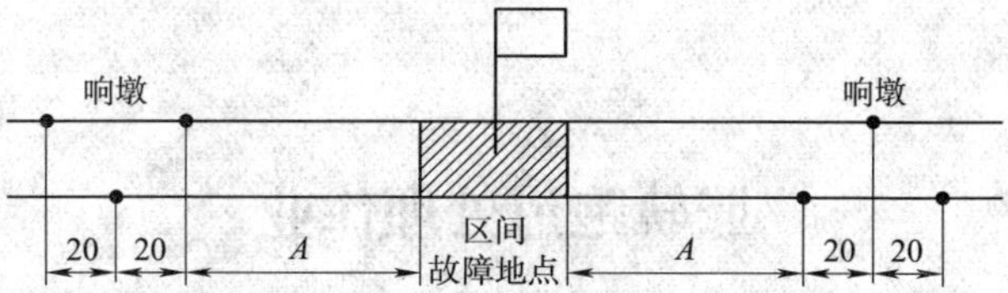

图 1—3　响墩放置位置(单位:m)

A 为不同线路速度等级的制动距离,$v_{max} \leqslant 120$ km/h 为 800 m;120 km/h $< v_{max} \leqslant 160$ km/h 为 1 400 m;160 km/h $< v_{max} \leqslant 200$ km/h 为 2 000 m;对有 120 km/h 的快运货物列车或行邮列车运行的线路,A 不得小于 1 100 m。

3. 如不知来车方向,应在故障地点注意倾听和瞭望,发现来车,应急速奔向列车,用手信号旗(灯)或徒手显示停车信号,并将响墩放置在能赶到的地点,使列车在故障地点前停车。如瞭望困难,遇降雾、暴风雨(雪)、扬沙等恶劣天气或夜间,发现来车后,奔向列车前,应在故障地点点燃第二支火炬。

4. 站内线路、道岔发生故障时,应立即通知车站值班员采取措施,防止机车、车辆通往该故障地点。

如无列车无线调度电话和喇叭等,应在故障地点注意倾听和瞭望,发现来车,应急速奔向列车,以停车手信号防护(上下急剧摇动),使列车在故障地点外停车,并尽快恢复设备。

三、作业质量及要求

1. 时间充裕时,左右股响墩设置数量正确,距离误差不超过 ±2 m。
2. 设置防护的前后顺序、方法正确。

四、作业安全

1. 设置停车防护过程中,无摔倒或扭伤手脚。
2. 确认线路开通条件、放行列车和速度无差错。
3. 本人无其他不安全因素。

胀轨跑道处理作业

一、劳力组织及防护备品

1. 劳动组织

胀轨跑道处理作业需要驻站 1 人,工地及两端防护 3 人,作业 10 人以上。

2. 机具材料(表 1—33)

表 1—33 胀轨跑道处理作业机具材料

序号	名 称	单位	规格	数量	备 注
1	对讲机	台		4	
2	信号旗	副		3	
3	喇 叭	支		3	
4	火 炬	只		2	
5	响 墩	只		6	
6	短路铜线	根		2	
7	作业标牌	套		1	
8	拨道器	台		3	
9	水 桶	只		6	
10	切轨、钻轨机具	套		1	
11	石砟叉	把		10	
12	弦 线	副	20 m	1	
13	八折尺	把		1	
14	白布或海面	米		100	
15	夹 板	副		1	
16	螺 栓	条		6	
17	活口扳手	把	450 mm	2	

二、作业程序

1. 立即通知运行列车或就近车站,在故障地点设置停车信号,将列车拦停在故障地点以外。

2. 作业中发现轨向、高低不良,起道、拨道省力,枕端道砟离缝,用10 m弦测量两股钢轨的轨向偏差,当平均值达到10 mm时,说明已胀轨,应立即停止作业,采取防胀措施,设置慢行信号。及时采取夯拍道床、填满枕盒道砟和堆高砟肩等措施。如两股钢轨的轨向偏差平均值达到12 mm,在轨温不变的情况下,过车后线路弯曲变形突然扩大时,说明已跑道,必须立即设置停车信号防护,及时通知车站,在钢轨腹部覆盖草把或海绵,不间断浇水降温,消除故障后放行列车。

3. 发现胀轨跑道时必须立即拦停列车对胀轨两端各50~100 m线路浇水降温,有条件时喷洒液态二氧化碳等办法降低钢轨温度,整正线路,夯拍道床,按5 km/h放行列车。待轨温降至接近原锁定轨温时,立即拨道,恢复线路原位和正常行车速度,现场派人监视线路,确认不会再胀轨时方可撤离。

4. 无降温条件或降温无效时,应立即截断钢轨(普通线路应拆开钢轨接头)放散应力,整正线路,夯拍道床,首列放行列车速度不得超过5 km/h,并派专人看守、整修线路,逐步提高行车速度。

三、技术标准

1. 时间充裕时,左右股响墩设置数量正确,距离误差不超过±2 m。
2. 降温方法正确,措施得当。

四、作业安全

1. 设置停车防护过程中,无摔倒或扭伤手脚。
2. 浇水降温时,人员无摔倒或扭伤手脚。
3. 确认线路开通条件、放行列车和速度无差错。

钢轨折断处理作业

一、劳力组织及防护备品

1. 劳动组织

钢轨折断处理作业需要驻站及工地防护各 1 人,两端 800 m 防护各 1 人,作业人员 8 人(铝热焊时 12 人)。

2. 机具材料(表 1—34)

表 1—34　钢轨折断处理作业机具材料

序号	名　称	单位	规格	数量	备　注
1	对讲机	台		4	
2	信号旗	副		3	
3	喇　叭	支		3	
4	火　炬	只		2	
5	响　墩	只		6	
6	短路铜线	根		2	
7	作业标牌	套		1	
8	起道机	台		1	
9	捣　镐	把		2	
10	切轨、钻轨机具	套		1	
11	石砟叉	把		1	
12	夹　板	副		1	
13	螺　栓	条		6	
14	活口扳手	把	450 mm	2	
15	拉轨器	台		1	

二、作业程序

1. 立即通知运行列车或就近车站,在故障地点设置停车信号,将列车拦停在故障地点以外。

2. 如钢轨断缝不大于 50 mm 时,在断缝处上好夹板或臌包夹板,用急救器固定,在断缝前后各 50 m 拧紧扣件,并派人看守,限速 5 km/h 放行列车。

如断缝小于 30 mm 时,按上述方法处理后,放行列车速度为 15 ~ 25 km/h。

3. 如钢轨折损严重或断缝大于 50 mm,应封锁线路,切除伤损部分,两锯口间插入长度不短于 6 m 的同型钢轨,轨端钻孔,上接头夹板,用 10.9 级螺栓拧紧。在断缝前后各 50 m 范围内拧紧扣件,按正常速度放行列车,但不得大于 160 km/h。

三、技术标准

1. 时间充裕时,左、右股响墩设置数量正确,距离误差不超过 ±2 m。
2. 处理方法正确,无延时。

四、作业安全

1. 设置停车防护过程中,无摔倒或扭伤手脚。
2. 浇水降温时,人员无摔倒或扭伤手脚。
3. 确认线路开通条件、放行列车和速度无差错。

第二章　桥路工作业指导书

第一节　桥涵作业

制作桥枕作业

一、适用范围

如果桥枕根据以下标准确认失效，需要更换时，应制作桥枕。

1. 标准断面木桥枕因腐朽、挖补、削平和挖槽累计深度超过 80 mm。
2. 钉孔周围腐朽严重，无处改孔，不能满足持钉及保持轨距的需要。
3. 木桥枕内部严重腐朽。
4. 通裂严重，影响共同受力。

二、劳动组织及机具材料

1. 劳动组织

制作桥枕作业需要 2 人。

2. 机具材料(表 2—1)

表 2—1　制作桥枕作业机具材料

名称及规格	单位	数量	名称及规格	单位	数量
手　锯	把	1	夹紧箍卡	套	2
三角锉	把	1	2 m 钢尺或木折尺	把	2
斜口凿	把	1	木工刨	把	2
平口凿	把	1	画线笔或墨斗	个	1
木　钻	把	2	3 m 长方木	根	1
方口凿	把	1	刮　刀	把	2

续上表

名称及规格	单位	数量	名称及规格	单位	数量
斧头或锛斧	把	2	油 桶	个	2
角 尺	把	1	扁油壶	个	1
紧线器	把	1	铁线钳	把	1
煤焦油	kg	1	铁 线	kg	5
氟化钠	kg	0.5			

三、作业程序

1. 确定桥枕位置，计算桥枕根数：整孔更换桥枕时应根据钢梁节间长度（防爬角钢间距离）、桥枕宽度及钢轨接头位置进行布置，确定桥枕净距。当采用净距 200～210 mm 时，必须考虑桥枕的容许负公差及平面上的弯曲，要防止铺设后桥枕实际净距超限。

2. 按要求正确选定枕木面。

3. 注油桥枕不应刨光，但桥枕面偏斜较大或不平整时可予以刨平。

4. 画线：根据超平测量结果在桥枕上一次画出盖板槽、铆钉槽的挖槽位置、深度及钩螺栓、护木螺栓的钻孔位置。

5. 刻槽：按画线正确锯出槽口。刻槽应能满足保持线路平顺、坡度、曲线超高、上弯度的需要，可在标准断面桥枕下刻不超过 30 mm 的槽口。遇到铆钉时再刻纵向铆钉槽，其大小和深度不大于铆钉头尺寸 4 mm，槽口宽度应比翼缘宽约 4 mm。砍刻槽口时应先用平口凿凿几道线，划分成几段，而后分段挖槽，当刻近所需深度时，再用斜口劈凿进行削平。挖铆钉槽时用 U 形凿子，挖时要先在一端凿好一小段，然后从另一端凿槽于前面一小段连通。

6. 钻螺栓孔：可用特制钻架定位定向，手工或机械钻孔。钻孔应正直，孔眼用烧红钢钎烫焦或涂刷防腐油。

7. 凿钩螺栓孔方眼：凿孔时对准已钻好的螺栓孔眼中心，尽量一次凿成，尺寸准确，孔眼光滑。

8. 桥枕端头有大于 3 mm 的裂缝应进行捆扎或加打 C 钉、S 钉，捆线要与枕木各边垂直，捆紧半干枕不必扭花，干枕可以扭花但不宜扭得太多,铁线两头都应在桥枕侧面靠顶面处钉牢固定。

9. 用C钉、S钉愈合裂缝时,应先将开裂木枕压愈合后,由端部断面打入,其中部应与最大裂缝相垂直。

10. 腻灌缝应先清除裂缝内的污垢并吹干净,按缝宽以不同方法用浆膏灌注。

11. 检查各部尺寸。

四、技术及作业要求

1. 桥枕无通长纵裂;在铺轨范围内(桥枕面每端各550 mm长度除外)不得超过60 mm的活节及死节,在全长范围内不得有漏节与腐朽,在铺轨范围内不得有5个以上的直径大于3 mm的虫眼。横弯不超过长度的4%;不得有5 mm以上的锯砍伤痕。

2. 桥枕规格应符合表2—2木桥枕尺寸的规定。允许刻槽深度不大于30 mm,槽口与钢梁翼缘间缝隙不大于4 mm,也不应过紧;遇到铆钉时应再刻纵槽,其大小和深度不大于铆钉头尺寸4 mm。

表2—2 木桥枕尺寸

主梁或纵梁中心距(m)	木桥枕标准断面		长度(mm)	附注
	宽度(mm)	高度(mm)		
1.5~2.0	220	240	3000	双腹板或多腹板的主梁中心距以内侧腹板间距为准
2.0以上~2.2	220	260	3000	
2.2以上~2.3	220	280	3000	
2.3以上~2.5	240	300	3200或3400	

3. 曲线上明桥面的线路外轨超高如利用桥枕调整时,可采用以下方法设置。

(1)在桥枕挖槽限度内调整;

(2)在墩台顶面做成超高,但应检算钢梁斜放后的应力和稳定性,并注意钢梁排水;

(3)用楔形枕木;

(4)在曲线外侧的桥枕下加垫木垫板,用木螺钉(或螺栓)联结牢固,木垫板净厚不少于 30 mm，每边伸出钢梁上翼缘盖板边缘不少于200 mm，见图 2—1。

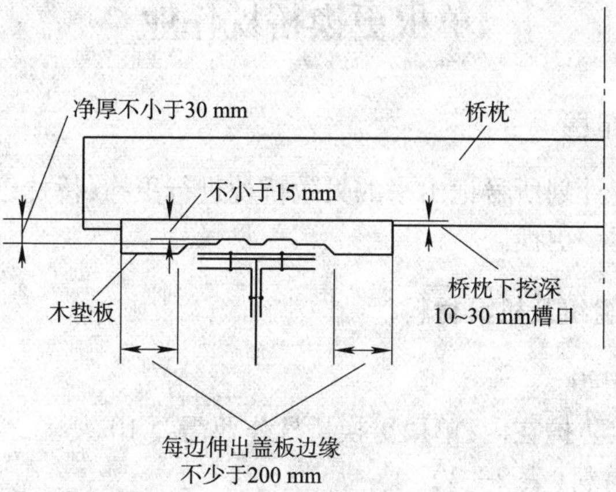

图 2—1　曲线外侧加垫木垫板

4. 桥枕中心线与钢梁中心线垂直，桥枕一头找齐。

5. 桥枕底面与钢梁联结系间隙大于 3 mm。

6. 螺栓孔位置正确，垂直误差不超过 4 mm；孔壁进行防腐处理。

7. 桥枕头用 3 ~ 3.5 mm 铁线捆扎 2.5 圈，距端头 80 ~ 120 mm，铁线无重叠、松弛现象。

五、作业安全。

1. 抬运桥枕要戴手套，使用枕木卡子；画线加工要放置平稳，防止砸伤手脚。

2. 所用工具要放置平稳，按规定操作，防止锛斧伤脚。

3. 检查斧头、锛斧柄，如有松动应及时修理。

单根更换桥枕作业

一、适用范围

根据调查计划所号记出来的失效桥枕进行更换，桥枕已预先制作好，按编号对号逐一更换。

二、劳动组织及机具材料

1. 劳动组织

包括施工防护在内，单根更换桥枕作业需要10人。

2. 机具材料（表2—3）

表2—3 单根更换桥枕作业机具材料

名称及规格	单位	数量	名称及规格	单位	数量
防护信号	套	1	大锤(4磅)	把	2
起钉撬棍	根	1	木　榷	把	2
道钉锤	把	1	千斤顶或起道机	台	2～4
万能道尺	把	1	木　钻	把	1～2
螺丝把(开口)	把	2～4	手　斧	把	1～2
枕木钳	把	2	凿　子	把	1～2
带钩安全撬棍	根	1	胶　垫	块	20
氟化钠粉	kg	0.2	煤焦油	kg	0.2

三、作业程序

1. 作业内容

（1）做好准备工作；

（2）拆除有关配件；

（3）抬高或拆除钢轨；

（4）抽出旧桥枕；

(5)清扫上盖板；

(6)换入新桥枕及整修；

(7)落道；

(8)新桥枕钻道钉眼及其防腐处理；

(9)钉道；

(10)安装有关配件及恢复桥面；

(11)检查整理及搬运；

(12)撤出防护开通线路。

2. 准备作业

将新的制作好的桥枕按编号顺序排列好，单根抽换时应与欲更换的失效桥枕对号放置。检查应用的各种工具是否备好备齐，并预先安放好。拆除步行板、护木，隔一根桥枕拆下钩螺栓，浮紧道钉一次。

3. 基本作业

拆除要更换的桥枕的道钉及垫板，适当浮起附近的道钉，取下要更换桥枕上的钩螺栓，用千斤顶（或起道机）抬起钢轨及护轮轨（如拆除钢轨全面更换时为拆除基本轨及护轨），用抽换桥枕工具，前后各一人依次抬起并抽出旧桥枕，清扫钢梁上盖板，以同样的方法及相反的步骤换入新桥枕，同时移正方动的桥枕位置（移动时用撬棍拨动或木榧方正位置，切忌用铁锤敲打，以防打伤桥枕）。停止更换后应即松顶落道，拆除千斤顶（如拆除钢轨全面更换时为抬回基本轨、护轮轨），恢复线路，检查轨距、水平。新桥枕上每股打入两只道钉，打道钉前必须先用 ϕ13 mm 钻钻出钉眼，钉眼位置距桥枕边不少于 50 mm，间距 80 mm，钻头应扎在距轨底边 8 mm。每个钻眼内放入氟化钠粉 6 g，道钉尖头沾少许煤焦油后对准钻孔打入桥枕。上齐½或⅓钩螺栓，撤除防护信号，开通线路，让列车正常通过或限速通过。

注意检查新换上的桥枕是否压住钢梁联结系杆件，其空隙应大于 3 mm，如发现有压杆或不符合规定的处所应立即整修。

4. 整理作业

桥上线路及包括施工的桥面一般都要恢复完好状态，补齐并拧紧螺栓，钉齐道钉，装上护木、步行板，并全面检查一次，清理工具和材料。

四、技术及作业要求

1. 选用的桥枕要符合铺设标准：

(1)木桥枕间净距为 100~180 mm(横梁处除外)。

(2)木桥枕不能铺设在横梁上，与横梁翼缘边应留出 15 mm 及以上缝隙。

(3)横梁两侧木桥枕间净距在 300 mm 以上，且木桥枕顶面高出横梁顶面 50 mm 以上时，应在横梁上垫短枕承托，短枕与护轨应联结牢固，并与基本轨底留出 5~10 mm 空隙，见图 2—2。

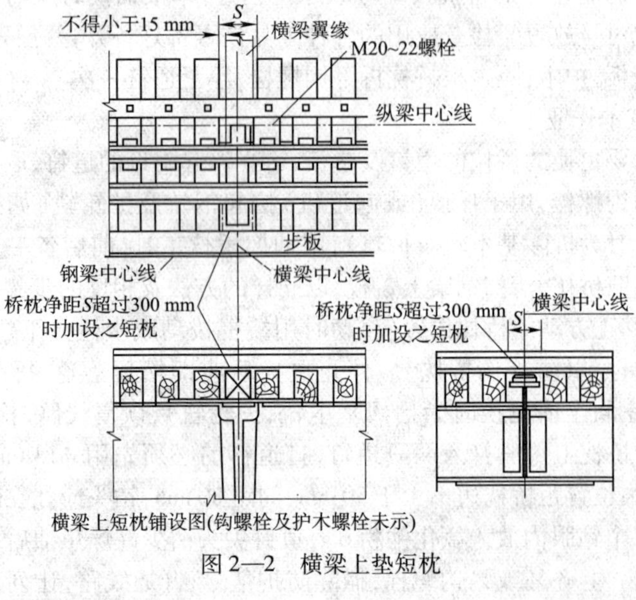

图 2—2　横梁上垫短枕

(4)有桥面系的上承钢梁，木桥枕只能铺在纵梁上(设计容许铺设在主梁翼缘上的除外)，在行车情况下不容许压着钢梁联结系。

(5)为调整桥面钢轨上拱度，木桥枕容许挖深 30 mm 以内的槽口，或使用比标准断面稍厚的木桥枕，也可在木桥枕下加垫木垫板，用螺钉(栓)或胶合联结牢固。

(6)木桥枕与螺栓头(铆钉头)接触处可挖钉窝或纵槽。

(7)每根木桥枕应用两根经过防锈处理的直径 22 mm 标准型钩螺栓

与钢梁钩紧。螺栓均应安装 110 mm × 110 mm × 8 mm 的铁垫圈及 6 ~ 10 mm 厚的胶垫圈。在自动闭塞区间，钩螺栓铁垫圈与钢轨扣件间应留不小于 15 mm 的间隙。行车速度大于 120 km/h 区段钢梁明桥面的钩螺栓不允许有缺少和连二失效。

(8)行车速度大于 160 km/h 区段钢桥明桥面的木桥枕必须采用优质木材，断面尺寸应不小于 220 mm(宽度) × 260 mm(高度)。

2. 桥枕与铁垫板间必须铺设 4 ~ 16 mm 防腐胶垫板一层，吊板不得大于 2 mm，垫板大小与铁垫板一致，无歪斜、窜动，总厚度应便于抽动。

3. 桥枕槽口与钢梁盖板宽窄相应，最大间隙不大于 4 mm。

4. 桥枕与钢梁联结系空隙大于 3 mm。

5. 槽口、钉孔、拴孔、裂缝须进行防腐灌缝处理。

6. 桥枕与桥梁中心垂直。

7. 护木与新换桥枕扣紧密贴，有缝隙时应小于 2 mm。

五、作业安全

1. 每月 20 日前桥路车间向技术科提报下月单根抽换桥枕施工计划。

2. 作业命令票申请：按照计划批准日期，桥路车间提前一周向段提报安全技术组织措施和开工报告，审批后交段指挥中心一份，施工前三日按施工项目向段指挥中心申请施工命令票。

3. 单根抽换桥枕为 B 级施工，必须在天窗点内施工。设驻站防护员 1 名，施工地点两端及施工地点各设防护员 1 名。防护示意图见图 2—3。

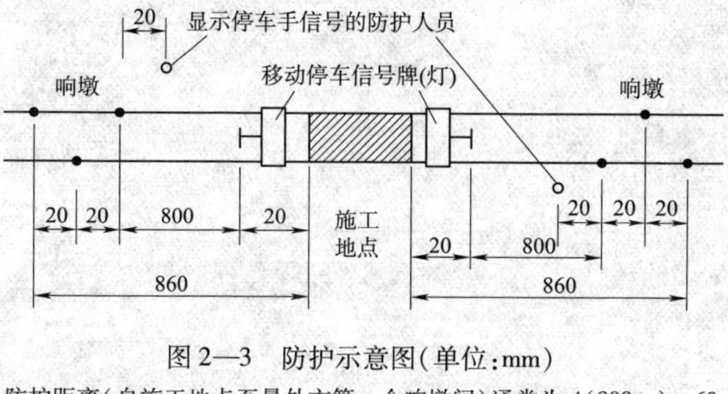

图 2—3　防护示意图(单位：mm)

注：防护距离(自施工地点至最外方第一个响墩间)通常为 A(800 m) + 60 m，在规定利用动能闯坡的区间施工，其防护距离不得小于 1 100 m。

4. 桥上无人行道,禁止在钢轨外侧起打道钉;上螺栓不准向桥外方使劲,防止摔下。

5. 桥上作业时不得穿带钉和易溜滑的鞋。不得将手脚伸入轨底,抽送桥枕要戴手套,使用枕木夹钳,人要站稳,动作要协调。禁止横向站在枕木头上。

6. 枕木不得侵入限界,拆下的步行板要钉尖朝下放置。

7. 禁止打甩道钉锤,其落道时相互协调,不发生手脚压伤事故。

8. 自动闭塞区间,应使用绝缘撬棍,防止轨道电路短路。

桥枕(护木)涂防腐油作业

一、适用范围

对桥枕枕面(护木)涂刷防腐油,防止木质腐朽以延长其使用年限。工作内容包括:清除表面污垢、清扫干净、涂刷防腐油。

二、劳动组织及机具材料

1. 劳动组织

包括施工防护在内,桥枕(护木)涂防腐油作业需要 2 人。

2. 机具材料(表 2—4)

表 2—4 桥枕(护木)涂防腐油作业机具材料

名称及规格	单位	数量	名称及规格	单位	数量
铲 刀	把	1	小油桶	个	1
扫 帚	把	1	棉纱头		少许
扁油刷	把	1	煤焦油	kg	5
氟化钠	kg	2			

三、作业程序

1. 配置防腐油:氟化钠与煤焦油按 1 : (1 ~ 1.5) 的质量比搅拌均匀。

2. 铲除枕木表面污垢、脏物,并清扫干净。

3. 灌缝、镶补、削平

4. 刷防腐油:涂刷时应经常搅拌 ,均匀涂刷,对细小裂纹多刷几遍。

四、技术及作业要求

1. 桥枕(护木)表面污垢赃物应清除彻底,清扫干净。

2. 桥枕(护木)顶面涂刷防腐油无漏涂。

3. 涂刷的防腐油表面均匀不流淌。

4. 防腐油不污染钢梁。

五、作业安全

1. 桥枕(护木)涂防腐油作业设工地防护 1 名,在作业地段两端 500 ~ 1 000 m 处列车运行方向左侧(双线在线路外侧)的路肩上设置作业标。防护示意图见图 2—4。

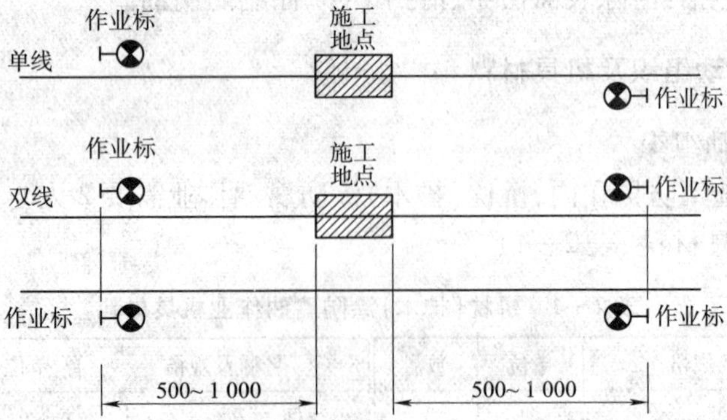

图 2—4　涂防腐油作业设置作业标示意图(单位:m)

2. 及时避车并把工具带出桥外。

3. 不得穿带钉和易溜滑的鞋。

4. 面向列车方向作业,并应戴防护手套、口罩及护目镜。

5. 防止伤手脚。

桥枕(护木)灌(腻)缝作业

一、适用范围

桥枕(护木)顶面有裂缝及其侧面有缝口向上能进水的裂缝均应进行灌(腻)缝,原灌(腻)缝的裂缝因日久缝口浆膏下沉其凹陷深度超过3 mm应进行补加灌(腻)缝。工作内容包括:调制浆膏、清理缝、清理污垢堆积、堵端缝、灌(腻)缝、缝口涂油封口。

二、劳动组织及机具材料

1. 劳动组织

包括施工防护在内,桥枕(护木)灌(腻)缝作业需要3人。

2. 机具材料(表2—5)

表2—5　桥枕(护木)灌(腻)缝作业机具材料

名称及规格	单位	数量	名称及规格	单位	数量
手　斧	把	1	皮老虎	只	1
10 mm 木钻	把	1	盘　秤	台	1
小油桶	个	1	小扁铲	把	1
小油壶	个	1	扁　刷	把	1
刮　刀	把	1	烙　铁	把	1
小铁钩	把	1	小火炉	个	1
氟化钠	kg	0.5	煤焦油	kg	5
滑石粉	kg	5	麻　刀	kg	5

三、作业程序

(一)准备作业

灌(腻)缝的材料要求具有防腐和防水且有弹性、不易挥发干燥等性能,一般采用氟化钠浆膏,即用烧热的煤焦油与氟化钠混合成的糊状胶体腻子灌腻。以下为其配制方法。

1. 按氟化钠(kg)：煤焦油(kg)＝1：1～1：1.5 的质量比称出氟化钠粉与煤焦油质量。

2. 在煤焦油中倒入氟化钠粉,充分搅拌均匀制成混合浆膏。寒冷季节室外气温较低,配制或使用时将煤焦油温火加热至 30℃～40℃(加热至40℃时煤焦油开始冒小气泡,超过40℃时将变稀);亦可在煤焦油中掺入少量柴油。

3. 刮剔裂缝内的旧腻料、渣滓及缝口周围的积存旧腻料堆,清除干净。

4. 若裂缝较宽,枕木两端头裂通或裂缝穿过孔眼时,应在距端头或孔眼 50 mm 处用 10 mm 钻头钻孔,孔深超过缝深 10～20 mm,再用经氟化钠溶液煮过的木片堵孔,堵塞后方可灌腻。

(二)基本作业

1. 灌缝:枕木裂缝宽 2～3 mm 时用较稀的浆膏灌腻,不能灌的可在表面涂刷一层;裂缝缝宽在 3 mm 以上使用浆膏浸麻刀塞腻(浆膏与麻刀重量比为 5：1～6：1,麻刀长度为 10～30 mm),裂缝较大时可先灌入部分浆膏,再用氟化钠煮过的木片填塞,但不要打紧,木片顶面应低于枕木面 2～3 mm,塞好后再灌防腐浆膏;细小的裂缝可用较稀的浆膏灌腻。一般在第一次灌满后,经列车震动会下沉,应再灌第二次、第三次、直至不再下沉,然后把浆膏刮平。

2. 侧面缝、端头缝缝口向上能进水的均要灌腻,侧面缝灌腻时如天气寒冷,腻子干硬可用烙铁烫化将浆膏压入缝内。

3. 在灌缝中,如发现浆膏不断下渗,可能是裂缝有漏出地方或裂缝下面有较大的腐朽囊,要立即查明原因,挖补腐朽部位,堵塞漏缝后再灌缝。

4. 基本轨、护轮轨、步行板、护木下的桥枕腻缝,应在维修作业时一次性彻底进行剔清灌腻;平时小补修如遇有下沉可以外露的裂缝处补灌。

5. 灌浇浆膏时应自裂缝的一端开始浇灌,待其基本灌满再向前推进一段,再待其灌满后陆续向前推进,以利裂缝内的空气排出,使浆膏下沉到缝底。

6. 浆膏年长日久,表面失效(碎裂、松散、剥落、下沉等),应将表面浆膏剔除,注意勿伤损木质,再重新灌腻并加以整修。

7. 全面灌缝每年雨季前后应各一次,灌缝时不需要全部清剔重灌。

8. 腻料或煤焦油滴下污染钢梁时,应随即清除,擦抹干净。

四、技术及作业要求

1. 腻缝配料符合规定。
2. 腻缝内脏物渣滓清除彻底、干净。
3. 灌腻缝密实、饱满,表面凹陷深度不超过 2 mm。
4. 桥枕顶面 2 mm 以下裂缝无漏涂,2 mm 以上裂缝无漏灌(腻)。
5. 通向枕端、孔眼处的裂缝应用防腐处理过的木片堵塞。
6. 浆膏溢出裂缝每侧宽不超过 5 mm。
7. 10 mm 及以上侧面缝口向上的裂缝灌腻良好。

五、作业安全

1. 桥枕(护木)灌(腻)缝作业设工地防护 1 名,在作业地段两端 500 ~ 1 000 m 处列车运行方向左侧(双线在线路外侧)的路肩上设置作业标。防护示意见图 2—5。

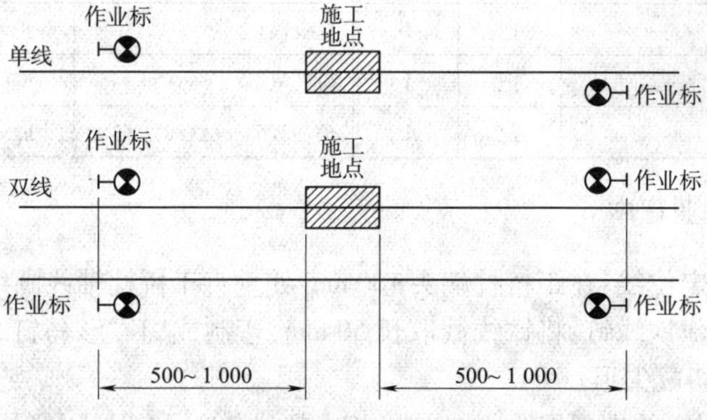

图 2—5 桥枕(护木)灌(腻)缝作业防护示意图(单位:m)

2. 多人作业时要相互背向作业,瞭望两端,避车时呼唤应答。
3. 作业人员要戴口罩、手套、护目镜,在上风头作业,以免中毒。
4. 氟化钠要注意保管,禁止用食器和饮水桶盛装,以免中毒。
5. 浆膏加热时要注意防火。

桥枕捆扎作业

一、适用范围

1. 新制作的桥枕。

2. 原桥枕端头有3 mm及以上裂缝。

二、劳动组织及机具材料

1. 劳动组织

桥枕捆扎作业需要2人。

2. 机具材料(表2—6)

表2—6 桥枕捆扎作业机具材料

名称及规格	单位	数量	名称及规格	单位	数量
紧线钳	把	1	拐 尺	把	1
手 锤	把	1	直线尺	把	1
克丝钳	把	1	粉 笔	支	1
2 m木直尺	把	1	ϕ3～3.5 mm铁线	kg	10

三、作业程序

1. 画定位线:在距桥枕端头100 mm处垂直于桥枕轴线画线。

2. 制作铁线钉:将铁线截取长50 mm,弯制成“U”形马钉,截取铁线的两端应切成尖形。

3. 捆扎:枕端裂缝2 mm以上、长度超过300 mm时,用紧线器拉紧铁线捆紧枕木。捆扎时,先将铁线一头夹弯成90°长20 mm的弯钩,钉入桥枕侧面靠顶面40 mm处,再将铁线绕桥枕2～3周(铁线应与枕木各边垂直)用紧线器拉紧,在每个侧面用2个U形马钉钉牢,余下的铁线在另一侧桥枕侧面弯头打入枕木固定。

4. 半干枕木捆扎时,应充分紧铁线,不准将捆扎铁线拧成麻花;干燥枕木的捆扎铁线可拧成麻花状,一般麻花的螺距应大于单根铁线直径的5倍以上。

四、技术及作业要求

1. 捆扎位置正确,铁线应垂直于枕木轴线,距枕木端头不小于50 mm或与全桥一致。

2. 铁线捆扎两周半,每侧应钉U形马钉2个。

3. 捆扎铁线紧牢,无松弛,方正、密贴与枕木表面缝隙小于2 mm。

4. 捆扎铁线无重叠、分开、歪斜。

五、作业安全

1. 桥枕捆扎作业设工地防护1名,在作业地段两端500~1 000 m处列车运行方向左侧(双线在线路外侧)的路肩上设置作业标。防护示意图见图2—6。

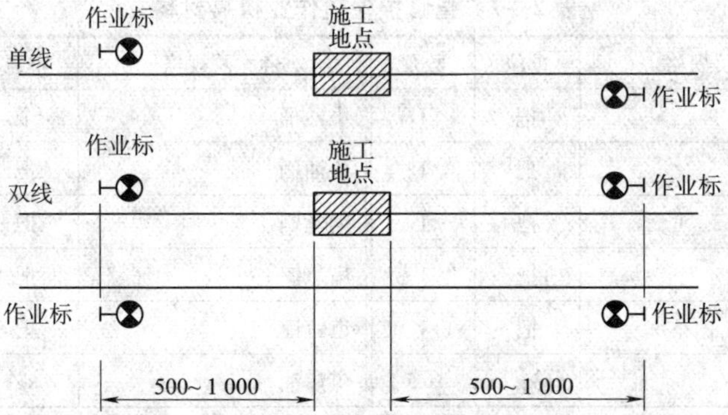

图2—6　桥枕捆扎作业防护示意图(单位:m)

2. 作业人员应戴手套。

3. 使用紧线器时防止蹬脱伤人。

4. 在无人行道桥上作业,防止跌落桥下。

5. 注意瞭望及时避车,料具带出桥面放牢,不得侵入建筑限界。

整修护轮轨作业

一、适用范围

桥上护轮轨的高度不合规定、护轨与基本轨间距超限、轨底悬空、接头错牙、道钉不足、木垫板腐朽窜动、联结螺栓失效、绝缘衬垫损坏等必须进行整修并消灭超限处所及失效部件。

二、劳动组织及机具材料

1. 劳动组织

包括施工防护 2 人在内，整修护轮轨作业需要 5 人。

2. 机具材料（表 2—7）

表 2—7　整修护轮轨作业机具材料

名称及规格	单位	数量	名称及规格	单位	数量
撬　棍	把	1	小油桶	个	1
手　锯	把	1	扁油刷	把	1
道　尺	把	1	钢丝刷	把	1
2 m 钢卷尺	把	1	扁　铲	把	1
2 m 木方尺	把	1	道钉锤	把	1
氟化钠	kg	0.5	煤焦油	kg	1

三、作业程序

1. 检查并量测不符合护轨铺设技术标准的部位和尺寸，做好标记及记录，备好整修用的工具和材料。

2. 调整护轨高度：根据量测记录，分析原因，若属护轨轨型偏小，即使在轨底垫入 30 mm 厚的胶垫仍不能满足要求时，应更换较大轨型作护轨。若护轨轨型基本可用，其高度略有不足，则可在轨下加垫胶垫，以做调整，但厚度不得超过 30 mm。在木枕地段护轨高度超过线路轨面时，可削平枕木，涂防腐油后，以降低高度。

3. 调整护轨间距超限：根据量测记录及标记改正护轨方向，起浮道钉、量测标准间距，对改道处的道钉孔做好防腐处理，注入氟化钠粉，加木片打入道钉。

4. 护轨下垫胶垫超出 30 mm 时，应在保证护轨顶面不低于线路基本轨顶 25 mm 条件下，适当减薄胶垫以降低护轨。胶垫有腐朽、窜动的应予以更换或钉牢。

5. 补充护轨道钉：枕木上原无道钉孔时，应先用 12.5 mm 木钻钻孔，钻孔位置距枕木边缘不少于 50 mm，孔深为 110 mm，并注入氟化钠粉 6 g，道钉沾防腐油少许后打入钉孔。

6. 护轨接头上齐 4 个螺栓（每端 2 个），外侧水平错牙，如旧钢轨有飞边，可用剁斧去飞边，打磨顺坡。如轨头因偏磨不同而错牙超限，可将护轨调边使用。

四、技术及作业要求

1. 钢桥明桥面上护轨一般应采用与基本轨同类型的钢轨；混合桥上明桥面护轨也可采用比基本轨低一级的钢轨。既有线有砟桥上护轨，当位于Ⅲ型混凝土轨枕地段时应采用比基本轨低一级的钢轨；当位于Ⅱ型混凝土轨枕地段应采用比基本轨低一级或低二级的钢轨。新建或改建有砟桥上护轨应采用与基本轨同类型或低一级的钢轨。

2. 护轨与基本轨头部间净距：在有砟桥上，其净距为 500 mm，允许误差为 +10、−5 mm；在钢梁明桥面上，其净距为 220 mm，允许误差为 ±10 mm；当桥上设有伸缩调节器时，其最大净距可为 320 ~ 350 mm，允许误差为 ±10 mm；在混合桥上，当明桥面长度等于或小于 50 m 时，其净距在明桥面与有砟桥面上均为 500 mm；当明桥面长度大于 50 m 时，在明桥面和有砟桥面上各自采用自身的净距和允许误差，并在明桥面上采用不大于 1.5% 的斜率完成间距变化的过渡。

3. 护轨顶面不应高出基本轨顶面 5 mm，也不应低于 25 mm。

4. 对既有护轨与基本轨头净距不满足要求的有砟桥面，应按《铁路桥隧建筑物修理规则》附录二进行改造。桥上为Ⅱ型或Ⅲ型混凝土桥枕，可采用增设外侧带有轨卡的通长铁垫板（Ⅲ型混凝土桥枕可在每隔一根桥枕上增设）的方法（自动闭塞区段铁垫板中间应设绝缘）对护轨进行改造；对Ⅱ型混凝土桥枕，也可采取在既有桥枕上打孔，采用新型扣板式扣件进行改造。桥上为木枕或Ⅰ型混凝土桥枕，应更换为新Ⅲ型混凝土桥枕。

5. 新建或改建桥梁，当为有砟桥面时，其护轨铺设应采用新Ⅲ型混凝土桥枕。

6. 护轨应伸出桥台挡砟墙以外，直轨部分长度不应小于 6 m，然后弯曲交会于线路中心。弯轨部分沿线路中心线的长度不小于 1.9 m，梭头尖端超出台尾的长度不小于 2.0 m，其顶部应切成不陡于 1 : 1 的斜面并联结密贴，梭头尖端悬出轨枕的长度不得大于 5 mm，见图 2—7。

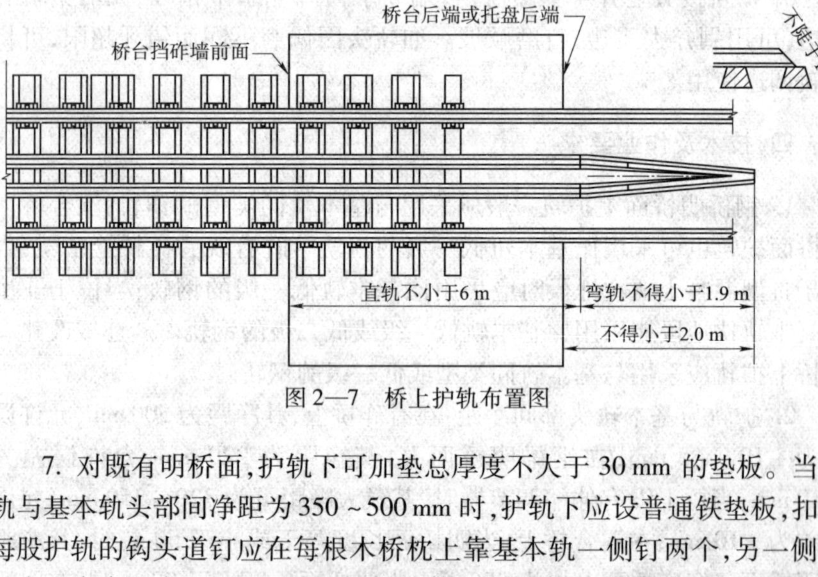

图 2—7　桥上护轨布置图

7. 对既有明桥面，护轨下可加垫总厚度不大于 30 mm 的垫板。当护轨与基本轨头部间净距为 350 ~ 500 mm 时，护轨下应设普通铁垫板，扣压每股护轨的钩头道钉应在每根木桥枕上靠基本轨一侧钉两个，另一侧钉一个。当净距为 220 ~ 350 mm 时，护轨下可不加垫铁垫板；垫板厚度在 20 mm 及以下时，应在每隔一根木桥枕上钉两个道钉扣压每股护轨的两侧；垫板厚度超过 20 mm 时，应在每根木桥枕上钉两个道钉扣压每股护轨的两侧。对既有道砟桥面，当护轨下组装通长铁垫板时，铁垫板下可设厚度不小于 4 mm 的橡胶垫板，固定通长铁垫板的螺栓扭矩不应小于 80 N · m，扣板螺栓的扭矩应为 40 ~ 60 N · m。新型扣板式扣件螺栓扭矩应为 30 ~ 50 N · m。

8. 自动闭塞区间，护轨应安装绝缘装置。当桥上线路中心设有应答器时，护轨应在应答器处断开。

9. 每股护轨接头安装 4 个螺栓，每端安装 2 个，螺帽应安装在线路中心一侧，在伸缩调节器处应采用一端带长圆孔的夹板。

10. 护轨爬行严重时，允许安装防爬器。

11. 伸缩调节器范围内护轨按设计办理。

12. 因道口、道岔或其他因素影响，护轨不能按标准设置时，应经铁路局批准，按特殊情况处理。

五、作业安全

1. 整修护轮轨作业在施工两端设置防护员各 1 名，在作业地段两端 500 ~ 1 000 m 处列车运行方向左侧（双线在线路外侧）的路肩上设置作业标。防护示意图见图 2—8。

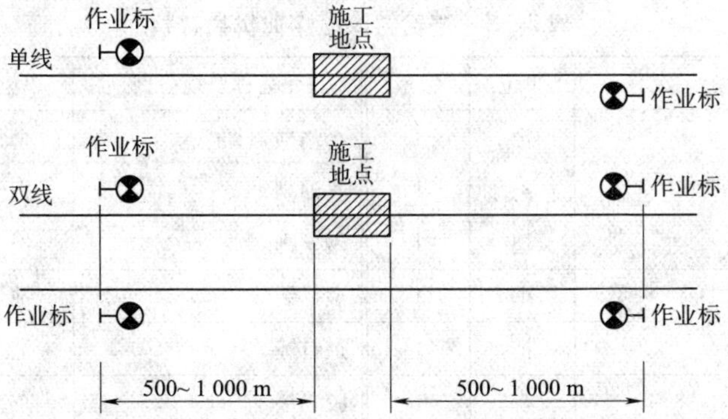

图 2—8　整修护轮轨作业防护示意图

2. 半自动闭塞预告区段内施工时，使用撬棍应加绝缘套管；铺设的绝缘拉杆，要检查整修；并注意检查护轨底部和拉杆汇合处是否有间隙，防止短路，顶回信号。

3. 注意瞭望，及时避车，料具带出桥面放牢，不得侵入限界。

4. 整直道钉时不得在钢轨上用锤敲击，防止飞起伤人。

护轮轨改造作业

一、适用范围

原护轮轨(以下简称护轨)间距为220 mm的有砟桥需按新标准改造为护轨与基本轨头部间距为500 mm的桥。

二、劳动组织及机具材料

1. 劳动组织

包括施工防护在内,护轮轨改造作业需要10人。

2. 机具材料(表2—8)

表2—8　护轮轨改造作业机具材料

名称及规格	单位	数量	名称及规格	单位	数量
撬　棍	把	1	小油桶	个	1
手　锯	把	1	扁油刷	把	1
道　尺	把	1	钢丝刷	把	1
2 m钢卷尺	把	1	扁　铲	把	1
2木方尺	把	1	道钉锤	把	1
电　锤	台	1	胶　垫	个	100
螺　栓	根	100	硫　磺	kg	10
石　蜡	kg	10	砂	kg	100
水　泥	kg	100	铁　锅	个	1
扳　手	把	4	锚固架	个	2
喷　灯	个	1	灌浆勺	个	1

三、作业程序

1. 拆除原有护轮轨,移至适当位置。

2. 在原有桥枕上按照新护轨铺设技术标准(护轨与基本轨头部间距净距为 500 mm)划线、定位,确定锚固螺栓位置。

3. 按照已划定螺栓孔位置,用电锤钻眼。眼孔位置准确,不得歪斜。

4. 锚固螺栓作业程序。

(1)溶　　制

①按选定的配合比称好各种材料的一次溶制量。

②先将砂放入锅内搅拌加热至 100℃ ~120℃,再将水泥放入锅内搅拌加热至 130℃左右,最后将硫磺和石蜡放入锅内,继续搅拌加热,使溶液混合均匀,由稀变稠成液胶状时(温度升高至 160℃左右)即可使用。

(2)锚　　固

①清理好钉孔。

②用粗砂将孔底封死并捣固,封层厚度不得大于 37 mm,Ⅱ型枕净留孔不得小于 160 mm,Ⅲ型枕净留孔不得小于 190 mm

③混凝土枕锚固必须使用锚固架,要摆正锚固架,控制锚固螺栓位置。

④溶液一次灌够,但不宜太满。

⑤将锚固螺栓顺锚固架左右旋转垂直插入。

⑥外溢的溶液凝固后,应铲除干净。

⑦同一混凝土枕的 4 个螺栓应在同一直线上,歪斜不大于 4 mm。顺桥纵向护轨锚螺栓应在同一条直线上,歪斜不大于 2 mm。

⑧根据气候条件,按以下规定的质量配合比范围实验选定材料用量。硫磺:水泥:砂:石蜡 =1:(0.3 ~0.6):(1 ~1.5):(0.01 ~0.03),制成的溶液应较稠,其流动度以不影响灌注为宜。

5. 安装新护轨。

①锚固螺栓凝固后,将原有的旧护轮轨按新护轮轨长度重新调整,量好护轮轨与基本轨间距,固定护轨位置,上齐扣件拧紧螺栓。先铺设桥中直(曲)轨部分,再铺设两头弯曲轨部分及梭头轨。

②自动闭塞区间,在护轨交汇处或最外钢轨接头处应安装绝缘衬垫。

6. 护轨接头上齐四个螺栓(每端两个),外侧水平错牙,如旧钢轨飞边,可用剁斧去飞边,打磨顺坡。如轨头因偏磨不同而错牙超限,可将护轨调边使用。

7. 全面检查并量测各部尺寸是否符合技术要求,有不合要求处所应进行进一步整修。

四、技术及作业要求

1. 钢桥明桥面上护轨一般应采用与基本轨同类型的钢轨,混合桥上明桥面护轨也可采用比基本轨低一级的钢轨。既有线有砟桥上护轨,当位于Ⅲ型混凝土轨枕地段时应采用比基本轨低一级的钢轨;当位于Ⅱ型混凝土轨枕地段应采用比基本轨低一级或低二级的钢轨。新建或改建有砟桥上护轨应采用与基本轨同类型或低一级的钢轨。

2. 护轨与基本轨头部间净距:在有砟桥上,其净距为500 mm,允许误差为+10、-5 mm;在钢梁明桥面上,其净距为220 mm,允许误差为±10 mm;当桥上设有伸缩调节器时,其最大净距可为320~350 mm,允许误差为±10 mm;在混合桥上,当明桥面长度等于或小于50 m时,其净距在明桥面与有砟桥面上均为500 mm;当明桥面长度大于50 m时,在明桥面和有砟桥面上各自采用自身的净距和允许误差,并在明桥面上采用不大于1.5%的斜率完成间距变化的过渡。

3. 护轨顶面不应高出基本轨顶面5 mm,也不应低于25 mm。

4. 对既有护轨与基本轨头净距不满足要求的有砟桥面,应按《铁路桥隧建筑物修理规则》附录二进行改造。桥上为Ⅱ型或Ⅲ型混凝土桥枕,可采用增设外侧带有轨卡的通长铁垫板(Ⅲ型混凝土桥枕可在每隔一根桥枕上增设)的方法(自动闭塞区段铁垫板中间应设绝缘)对护轨进行改造;对Ⅱ型混凝土桥枕,也可采取在既有桥枕上打孔,采用新型扣板式扣件进行改造。桥上为木枕或Ⅰ型混凝土桥枕,应更换为新Ⅲ型混凝土桥枕。

5. 护轨应伸出桥台挡砟墙以外,直轨部分长度不应小于6 m,然后弯曲交会于线路中心。弯轨部分沿线路中心线的长度不小于1.9 m,梭头尖端超出台尾的长度不小于2.0 m,其顶部应切成不陡于1:1的斜面并联结密贴,梭头尖端悬出轨枕的长度不得大于5 mm,见图2—7。

6. 对既有道砟桥面,当护轨下组装通长铁垫板时,铁垫板下可设厚度不小于4 mm的橡胶垫板,固定通长铁垫板的螺栓扭矩不应小于80 N·m,扣板螺栓的扭矩应为40~60 N·m。新型扣板式扣件螺栓扭矩应为 30～50 N·m。

7. 自动闭塞区间，护轨应安装绝缘装置。当桥上线路中心设有应答器时，护轨应在应答器处断开。

8. 每股护轨接头安装 4 个螺栓，每端安装 2 个，螺帽应安装在线路中心一侧，在伸缩调节器处应采用一端带长圆孔的夹板。

9. 护轨爬行严重时，允许安装防爬器。

10. 伸缩调节器范围内护轨按设计办理。

11. 因道口、道岔或其他因素影响，护轨不能按标准设置时，应经铁路局批准，按特殊情况处理。

五、作业安全

1. 每月 20 日前桥路车间向技术科提报下月护轮轨改造施工计划。

2. 作业命令票申请：按照计划批准日期，桥路车间提前一周向段提报安全技术组织措施，审批后交段指挥中心一份，施工前三日按施工项目向段指挥中心申请施工命令票。

3. 护轮轨改造作业必须在天窗点内施工，在车站设驻站防护 1 名，在施工地点及两端设置防护员各 1 名，在作业地段两端 500～1 000 m 处列车运行方向左侧的路肩上设置作业标。防护示意图见图 2—9。

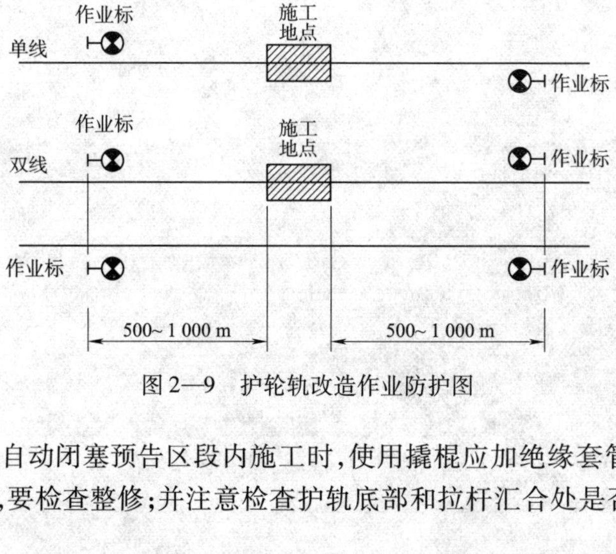

图 2—9　护轮轨改造作业防护图

4. 半自动闭塞预告区段内施工时，使用撬棍应加绝缘套管；铺设的绝缘拉杆，要检查整修；并注意检查护轨底部和拉杆汇合处是否有间隙，防止短路，致使顶回信号。

5. 注意瞭望，及时避车，料具带出桥面放牢，不得侵入限界。

6. 作业人员应按规定穿戴劳动保护用品，穿防滑鞋，戴手套。

7. 拆除、安装护轮轨拨轨时，前方及轨上不得站人。

8. 动作步调一致，统一指挥，注意工具损坏滑脱或飞钉伤人，预防互相碰撞，滑倒伤人。

9. 天窗点前严禁超卸护轨扣件及翻动拨移护轨作业，天窗点外不得翻动拨移护轨作业。翻动拨移护轨长度不得超过 25 m（两节护轨），曲线半径小于 600 m 地段，护轨拆卸长度不能超过 12. 5 m（一节护轨），桥中间有护轨绝缘的尽量避免拆除。

制作及安装护木作业

一、适用范围

护木的主要作用是固定桥枕相互间的位置,不使它爬动和偏斜,同时当车轮脱轨跳过或挤到护轨时,护木能起第二护轨的作用,故当护木腐朽或损坏严重时需进行部分或全部更换。工作内容包括:新护木制作、旧护木拆除、新护木防腐处理、桥枕头部护木位置处桥枕面其两侧面及钉栓眼防腐处理、安装新护木、整修、50 m 内运料。

二、劳动组织及机具材料

1. 劳动组织

包括施工防护在内,制作及安装护木作业需要 6 人。

2. 机具材料(表 2—9)

表 2—9　制作及安装护木作业机具材料

名称及规格	单位	数量	名称及规格	单位	数量
木工刨	把	1	木钻 23 mm	把	1
手　斧	把	1	撬　棍	把	1
锛　斧	把	1	8 磅手锤	把	1
手　锯	把	1	开口扳手	把	1
划线铅笔	支	1	4 磅手锤	把	1
木工凿	把	1	小油桶	个	2
小扁刷	把	2	2 m 钢卷尺	把	1
煤焦油	kg	10	方　木	m^3	0.5
氟化钠粉	kg	0.5			

三、作业程序

1. 根据木料弯曲和缺角情况,先选定护木面,一般应使缺角面向下,拱背向上的原则,将木料的顶面和两侧刨光。

2. 拆除旧护木,拨正桥枕间隔。

3. 划线:将刨光的护木按选定好的底面放在计划更换护木的位置,用预制好的槽口小方木(一般长 250 mm 高度为护木挖槽深度)放在桥枕面上,紧贴护木,划出槽口深度线,然后用角尺划两边线,全部划好后,将新护木搬出桥头。

4. 锯槽,凿挖槽口。

5. 护木底面、槽口及槽口位置处各桥枕涂刷防腐油。

6. 安装护木:将制作好的护木放在计划换的位置,拨好桥枕间距并对准槽口后,将护木顶面上垫以木块用大锤徐徐打下,密贴后进行护木钻孔。钻孔作防腐处理,安装并上紧螺栓。一座桥上的护木要位于一条直线上。如因钢梁类型不同等原因必须错开时,应在接头靠外面的一根护木的内侧加一块三角形的木块并用两根螺栓联牢,这样万一脱轨时,脱轨的车轮能贴着护木的内侧通过,防止车轮撞击或越出护木。

7. 护木在钢梁活动端应断开并具有一定空隙,能够与钢梁共同移动。

8. 一般护木均为素材制作,故应涂刷防腐浆膏或防腐油两度。

四、技术及作业要求

1. 护木断面尺寸为 150 mm ×150 mm,材质为一级松(杉)木。

2. 护木接头采用半木搭接,设在木桥枕上。护木与木桥枕联结处应将护木挖深 20 ~30 mm 的槽口,紧扣在木桥枕上。

3. 护木与木桥枕的联结采用Ⅰ式或Ⅱ式,见图 2—10。

Ⅰ式为护木与木桥枕、钢梁上翼缘用经过防锈处理(如渗锌处理)的直径 22 mm 标准型钩螺栓联结。

Ⅱ式为护木与每隔一根木桥枕用直径 20 mm 或 22 mm 螺栓联结;每孔梁两端第一根桥枕与护木必须联结。每根木桥枕与钢梁上翼缘用两根经过防锈处理(如渗锌处理)的直径 22 mm 标准型钩螺栓联结。

螺栓顶端不应超过基本轨顶面 20 mm。

行车速度大于 120 km/h 区段钢梁明桥面的护木螺栓不允许有缺少和连二失效。

4. 护木内侧与基本轨头部外侧的距离,Ⅰ式为 220 ~500 mm,Ⅱ式为 300 ~500 mm。

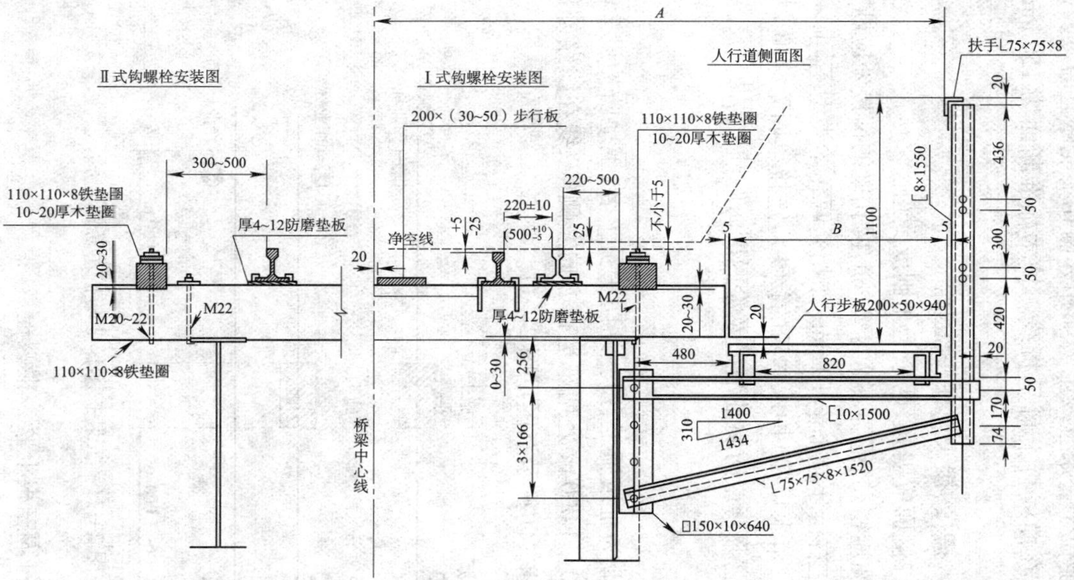

(1)人行道栏杆也可采用钢筋混凝土、木材或其他材料和形式，步行板也可采用梯形步行板、花纹钢板、钢筋混凝土板或其他形式和结构。
(2)所有尺寸以mm计。
(3)分开式扣件未示。
(4)A表示桥上线路中心至人行道栏杆内侧的净距，A与桥梁所处位置和行车速度有关。
(5)B表示人行道步行板的宽度，与A有关。

图 2—10　护木与木桥枕的联结

在钢梁活动端处，护木须断开，并留出空隙，使护木能与钢梁共同移动。

5. 护木应尽可能位于一条直线上。如相邻两孔不能顺直时，应在护木内侧加楔木衔接，在曲线桥上可呈折线。护木标准断面为 150 mm × 150 mm。

6. 护木采用半木搭接，接头设在桥枕上。

7. 护木正面及二侧面应刨光，两个上角刨成倒角。

8. 护木与桥枕间应密贴，缝隙不大于 2 mm，两孔梁的衔接处应断开，断开处两端头内侧左右错牙应小于 10 mm（如相邻两孔梁类型不同，不能满足此条件时可加三角木顺接）护木本身的接头应连接牢固无缝隙。

9. 护木应用防腐浆膏或防腐油灌缝及涂两度防腐油。

五、作业安全

1. 安装护木作业为Ⅲ级施工，设驻站防护员 1 名，工地防护设 2 名。在作业地段两端 500 ~ 1 000 m 处列车运行方向左侧（双线在线路外侧）的路肩上设置作业标。防护示意图见图 2—11。

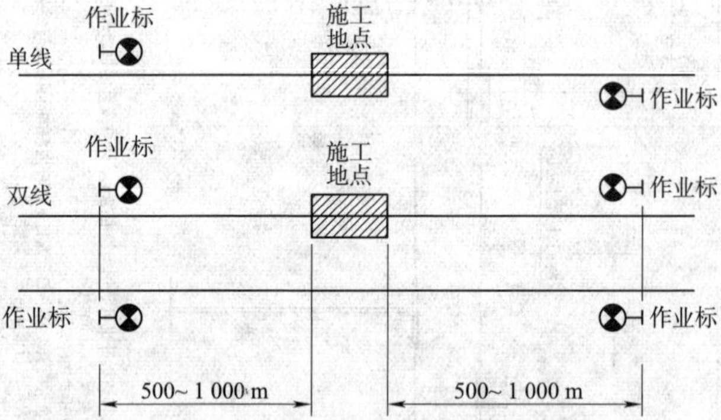

图 2—11　安装护木作业防护示意图

2. 放行列车时每隔三根上紧一根螺栓。

3. 使用安全帽、手套、安全绳等劳动保护用品。

4. 防止砸伤手脚。

5. 注意瞭望及时避车，料具带出桥面放牢，不得侵入限界。

钩螺栓沾油及更换作业

一、适用范围

钩螺栓、护木螺栓丝扣损坏或螺栓杆严重腐蚀，螺栓长度或直径不符合标准规定者应予以更换；不更换的应定期进行除锈垢涂油。工作内容包括：松卸螺栓帽、清除锈垢、热烤、沾涂油、上帽拧紧。

二、劳动组织及机具材料

1. 劳动组织

包括施工防护在内钩螺栓沾油及更换需要 4 人。

2. 机具材料(表 2—10)

表 2—10 钩螺栓沾油及更换作业机具材料

名称及规格	单位	数量	名称及规格	单位	数量
小油扁刷	把	1	刮　刀	把	1
2 号手锤	把	1	2 m 钢卷尺	把	1
钢锯架	把	1	小油桶	个	1
扳　手	把	1	铁　钳	把	1
煤焦油	kg	5	沥　青	kg	5

三、作业程序

1. 拆卸螺栓、铁木垫圈，清除锈垢。

2. 丝扣涂油，螺栓杆及垫圈涂沥青或热沾油，有条件时栓杆亦可以喷锌或烤漆。

3. 安装螺栓应校正螺栓中心位置，使其顶部排列成一条直线。

4. 钩螺栓紧贴并勾紧钢梁翼缘，但不勾在铆钉头上。

5. 钩螺栓在安装前先进行一次排列，长的安装在梁的中部，短的安装在梁两头。安装后螺栓杆顶端应高出螺帽，但如顶端高出基本轨面

20 mm时，应予以锯短或更换。

6. 螺栓应安装紧固，一般扭力矩为 50 ~ 80 N · m，不宜过紧，防止垫圈压入木料。

7. 铁、木垫圈晕要安装好并无缺少，其位置正、直、不歪斜。

8. 螺栓安装牢固后应再对顶部涂一次油。

四、技术及作业要求

1. 彻底清除锈垢，做到无锈垢。

2. 钩螺栓顶面不高出基本轨顶面 20 mm。

3. 钩螺栓的钩头应紧贴钢梁，不许勾在铆钉头上（如无法避免时可将钩头略微偏移一些）。必要时钩头可加台阶，加强密贴。

4. 安装牢固、无松动。

5. 螺栓位置正直，歪斜量不超过 5 mm，木垫圈无缺少、开裂，不得超过 2 层；铁垫圈无陷入木料，个别陷入量不大于 2 mm。

6. 螺栓杆除锈垢后应热涂沥青或沥青漆。

7. 拧紧后的螺栓应高出螺栓帽，并不大于 5 mm，同时不得陷入螺帽。

8. 钩螺栓顶部目视正直，基本成一直线，允许在长 10 m 内偏差不超过 ±5 mm。

9. 钩螺栓帽下端须加标准铁（木）垫圈；钩螺栓钩头拴孔周围有 5 mm及以上缝隙时，应加经防腐处理过的木楔。

五、作业安全

1. 钩螺栓沾油作业设工地防护 2 名，在作业地段两端 500 ~ 1 000 m 处列车运行方向左侧（双线在线路外侧）的路肩上设置作业标。防护示意图见图 2—12。

2. 注意瞭望，及时避车。

3. 在无人行道的桥上作业，松紧螺栓不得向桥外用力。

4. 工具材料放置牢固，防止滑落。

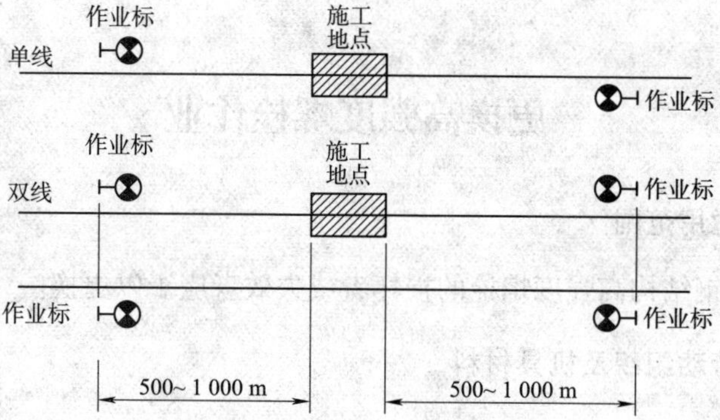

图 2—12　钩螺栓沾油作业防护图

更换高强度螺栓作业

一、适用范围

对于钢结构高强度螺栓的损坏者或失效者应予以更换。

二、劳动组织及机具材料

1. 劳动组织

更换高强度螺栓作业需要 4 人。

2. 机具材料(表 2—11)

表 2—11　更换高强度螺栓作业机具材料

名称及规格	单位	数量	名称及规格	单位	数量
活动检查梯	个	1	木折尺	根	1
套筒扳手	把	2	铜丝刷(16 号)	把	2
套口扳手	把	2	空压机(3 ~ 12 m^3)	台	1
油桶(小)	个	2	示功扳手	把	1

三、作业程序

1. 拆除旧高强螺栓。

2. 安装高强螺栓时，螺栓头及螺母支承面下都应放一个垫圈，垫圈内径有 45°斜坡的一侧，是与螺栓头下的过渡圆弧向配合的，不能装反。

3. 为减少拧紧时的摩擦阻力，应在螺母的螺纹和端面上涂少许黄油。禁止涂机油，以免流入板隙，造成钢板表面摩擦系数的降低。

4. 高强度螺栓所连接的钢板的表面涂无机富锌漆或其他涂料，应加以仔细保护，避免磨损或油脂、污物相接触，因漆或涂料有保护钢板不锈并保证摩擦系数的作用。在组装前，对连接处钢板应用无油的高压风除去面上的积尘，用铜丝刷刷去残存的泥、污。绝对禁止使用钢丝刷，对于油污须用汽油洗净。

5. 对沾有污垢和锈蚀者，应用16号铜丝刷刷净，用柴油清洗晾干，在丝扣上涂黄油，套上垫圈（2个）和螺母，并在栓头端面用油漆标明长度，分类装箱保管，箱面标明种类、规格、数量，存放干燥处，每半年开箱检查一次。

四、技术及作业要求

1. 对于大型节点，同时更换数量不得超过该节点高强螺栓总数的10%。对于螺栓数量少的节点，要逐个更换，更换时应在桥上无行车状态下进行。

2. 新换的螺栓、螺母及垫圈，其材质、规格、尺寸必须同桥上使用者相同。

3. 40硼高强度螺栓不准与45号钢的高强度螺栓混用，更不准与普通螺栓、螺母及垫圈混用。

五、作业安全

1. 更换高强螺栓施工应设工地防护2名，在作业地段两端500～1 000 m处列车运行方向左侧（双线在线路外侧）的路肩上设置作业标。特殊情况下可办理封锁施工。防护示意图见图2—13。

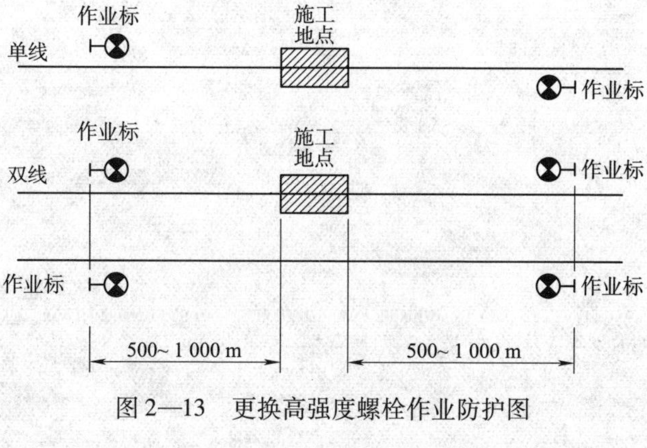

图2—13　更换高强度螺栓作业防护图

2. 桥上作业时，作业人员必须拴安全绳，戴安全帽，不准穿带钉或易溜滑的鞋。每次使用安全设备前，必须详细检查。

3. 桥下应铺设安全网,防止作业人员坠落。

4. 人员下道避车时应面向列车认真瞭望,防止列车上的抛落、坠落物或绳索伤人。

5. 人员下道避车的同时,必须将作业机具、材料移出线路, 放置、堆码牢固,不得侵入限界,两线间不得停留人员和放置机具、材料。

更换及养护温度调节器作业

一、适用范围

产生以下缺陷的温度调节器应进行更换：

1. 调节器主要部件损坏。

2. 基本轨垂直磨耗量超过 6 mm。

3. 在尖轨轨头顶面宽度为 50 mm 以上的断面处，尖轨发生垂直磨耗，其轨顶面低于基本轨顶面 2 mm。

4. 基本轨或尖轨轨头剥落掉块长度超过 30 mm，深度超过 8 mm。

5. 轨头侧面磨耗，影响伸缩调节器范围内轨距调整，轨距偏差经常超过容许限度时。

二、劳动组织及机具材料

1. 劳动组织

包括施工防护在内，更换及养护温度调节器作业需要 15 人。

2. 机具材料（表 2—12）

表 2—12　更换及养护温度调节器作业机具材料

名称及规格	单位	数量	名称及规格	单位	数量
道钉锤	把	4	手　锤	把	3
扳　手	把	6	捣　镐	把	4
撬　棍	把	6	斧　子	把	2
道　尺	把	1	锛　斧	把	1
钢卷尺	把	1	伸缩调节器	组	1
胶　垫	个	100	螺纹道钉	根	100
吊轨小车	台	1			

三、作业程序

(一)准备作业

1. 按要求施工前应召开施工协调会、点前分工会。

2. 向车站提报申请要点计划,并按规定填写《运统—46》进行登记。并注明电务工区配合。

3. 搬运新调节器至铺设地点附近,使尖轨顺重车或行车方向安放。

4. 测量新旧调节器轨温,计算 $f+a$ 值(a 值见表 2—13),核对调节器全长,普通钢轨制尖轨应根据确定的尖轨长度进行据轨钻孔。

表 2—13　各种温度跨度(m)时的 *a* 值(mm)

温度℃	100	112	128	144	160	176	192	208	224	240	256	283	320	384	480	512
+40	0	0	0	0	0	0	0	0	0	0	0	0	0	0	0	0
+35	5.9	6.6	7.6	8.5	9.4	10.4	11.3	12.3	13.2	14.2	15.1	17.0	18.9	22.7	28.3	30.2
+30	11.8	13.2	15.1	17.0	18.9	20.8	22.7	24.5	26.4	28.3	30.2	34.0	37.8	45.3	56.6	60.4
+25	17.7	19.8	22.7	25.5	28.3	31.2	34.0	36.8	39.6	42.4	45.3	51.0	56.6	68.0	85.0	90.6
+20	23.6	26.4	30.2	34.0	37.8	41.5	45.3	49.1	52.9	56.6	60.4	68.0	75.5	90.6	113.3	120.8
+15	29.5	33.0	37.8	42.5	47.2	51.9	56.6	61.4	66.1	70.8	75.5	85.0	94.4	113.3	141.6	151.0
+10	354	39.6	45.3	51.0	56.6	62.3	68.0	73.6	79.3	85.0	90.6	102.0	113.3	135.9	169.9	181.2
+5	41.3	46.3	52.9	59.5	66.1	72.7	79.3	85.9	92.5	99.1	105.7	118.9	132.2	158.6	198.2	211.5
0	47.2	52.9	60.4	68.0	75.5	83.1	90.6	98.2	105.7	113.3	120.8	135.9	151.0	181.3	225.6	241.7
−5	53.1	59.5	68.0	76.5	85.0	93.5	102.0	110.5	118.9	127.4	135.9	152.9	169.9	203.9	254.9	271.9
−10	59.0	66.1	75.5	85.0	94.4	103.8	113.3	122.7	132.2	141.6	151.0	169.9	188.8	226.6	283.2	302.1
−15	64.9	72.7	83.1	93.5	103.8	114.2	124.6	135.0	145.4	155.8	166.1	186.9	207.7	249.2	311.5	332.3
−20	70.8	79.3	90.6	102.0	113.3	124.6	135.9	147.3	158.6	169.9	181.2	203.9	226.6	271.9	339.9	362.5
−25	76.7	85.9	98.2	110.4	122.7	135.0	147.3	159.5	171.8	184.1	196.3	220.9	245.4	294.5	368.2	392.7
−30	82.6	92.5	105.7	118.9	132.2	145.4	158.6	171.8	185.0	198.2	211.5	237.9	264.3	317.2	396.5	422.9
−35	88.5	99.1	113.3	127.4	141.6	155.8	170.0	184.1	198.2	212.4	226.6	254.9	283.2	339.9	424.8	453.1
−40	94.4	105.7	120.8	135.9	151.0	166.1	181.2	196.4	211.2	226.6	241.7	271.9	302.1	362.5	453.1	483.3

5. 分股组装并稍缩小 a 值，使新调节器全长略短于旧调节器的全长以利换入；

6. 松紧旧调节器各种螺栓一次，如有轨距杆先拆除；

7. 更换引桥上的调节器如结合全部更换调节器下枕木时，应去除枕木底以上道砟，经清筛后连同需补充的道砟用土箕装好放在附近地点。

（二）封锁后更换工作

1. 按规定设置防护，具体防护图见安全注意事项中规定。

2. 在正桥上更换时，一组工人拆除旧调节器，另一组利用桁梁断面联结系挂吊轨小车，将新调节器分股吊到小车上，小车支承在护轮轨上，推小车至铺设地点，用同样方法起吊落位。

3. 在引桥上连同枕木更换时，一组工人拆除旧调节器及枕木，另一组在邻近正轨上拼装好成组（包括枕木）调节器，在线路钢轨上涂油将新调节器拖拉就位（铺设低点处临时放置两根钢轨支承），用起道机顶起调节器抽出钢轨然后落位，回填石砟。

4. 用轨缝调整器拉动调节器尖轨（或基本轨）消灭轨缝后，安装夹板及螺栓，检查轨距水平并钉道。

5. 施工结束后，全面检查并量测各部尺寸是否符合技术要求，达到放行列车条件后，施工负责人通知驻站防护员填写《运统—46》销记，撤除防护，开通线路。

（三）清理场地，运出旧调节器

（四）伸缩调节器的养护

1. 定期擦拭，涂油，保持清洁和伸缩灵活。

2. 检查尖轨尖端与基本轨密贴情况，如出现 1 mm 间隙，必须及时调整处理，如调整轨撑与铁座间的调整片厚度，在导向卡与尖轨间加铁线卡使其密贴。

3. 拧紧松动螺栓。

4. 及时消除尖轨或基本轨因车轮碾压而产生的肥边（用砂轮打磨或风铲铲除）。

5. 经常检查“缺底式”基本轨开始切割部位有无裂纹，检查并及时消除大垫板端部附近枕木的吊板。

6. 应防止调节器异常伸缩，斜线型和折线型调节器要防止基本轨纵向位移,曲线型调节器要防止尖轨纵向位移,避免调节器的轨距变化。

7. 在大垫板上刻标记或安装标尺,每日定时(接近日最高、最低温度时)测量尖轨尖端至基本轨弯折点的距离(曲线型调节器为大垫板端部至基本轨端部的距离)及当时钢梁温度、钢轨温度,做好记录,与理论尺寸对照,出入超过容许范围时应查明原因进行整正。

四、技术及作业要求

1. 单线桥调节器尖轨尖端应与重车运行方向相顺,复线桥调节器尖轨尖端应与行车方向相顺;两根尖轨的尖端应对正。

2. 其最大伸缩量应满足当地最低至最高温度时钢梁长度的变化量另加活载的影响和伸缩预留量。

3. 直线型、弯折型调节器尖轨尖端处轨距应与当时温度和尖轨尖端至基本轨弯折点的距离相适应,最大不得超过 1 451 mm。

4. 调节器安设在活动支座附近。连续梁安设在钢梁与桥台及两联钢梁接头处。

5. 温调器分为折线形温度调节器、弯折形温度调节器、曲线形温度调节器。

五、作业安全

1. 每月 10 日前桥路车间向技术科提报下月更换伸缩调节器施工计划。

2. 更换伸缩调节器施工由技术科每月 15 日前向路局提报次月施工计划。

3. 更换伸缩调节器施工由技术科组织车间检查确定方案、所需劳力、材料及配合单位,利用天窗时间封锁线路施工。

4. 作业命令票申请:按照计划批准日期,技术科提前一周向路局提报安全技术组织措施和开工报告,审批后交段指挥中心一份,段指挥中心于施工前三日按施工项目向工务处申请施工命令票。

5. 按照计划批准日期,车间提前一周向技术科、段指挥中心提报劳动组织及工具、材料到位情况,防护员和配合单位落实情况。

6. 施工安全技术措施中应有施工网络流程图、施工防护示意图及安全关键卡控表,并附有一日一案。

7. 段安全科、车间分别和配合单位(电务、养路工区)联系,落实配合事宜。由车站站长组织施工车间和配合单位召开协调会议,明确责任,落实施工前准备工作。

8. 更换温度调节器施工按要求设驻站防护 1 名、施工地点及两端各设工地防护 1 名。施工防护图见图 2—14。

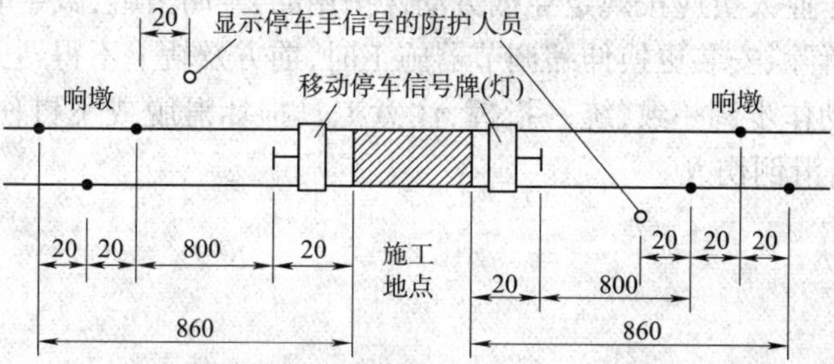

图 2—14　更换温节调节器作业单线区间施工时防护图(单位:m)

注:防护距离(自施工地点至最外方第一个响墩间)通常为 A(800 m) + 60 m,在规定利用动能闯坡的区间施工,其防护距离不得小于 1 100 m。

9. 温度调节器养护作业设工地防护 2 名,在作业地段两端 500 ~ 1 000 m处列车运行方向左侧(双线在线路外侧)的路肩上设置作业标。防护示意图见图 2—15。

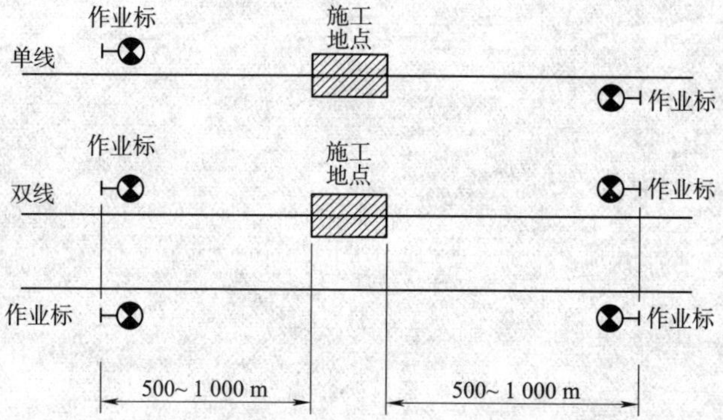

图 2—15　更换温度调节器作业双线区间施工时防护图

10. 电化区段严禁在同一地点将两股钢轨同时拆下，单股拆除钢轨按规定在钢轨两端加设回流线。

11. 自动闭塞区段，通知电务配合施工。

12. 拨动新旧钢轨时，一定要用撬棍尖插入钢轨眼孔内或用开口撬棍卡住轨底边缘，动作要一致，听从负责人的指挥，防止撬棍飞起伤人。

13. 注意瞭望，及时避车，料具带出桥面放牢，不得侵入建筑限界。

14. 作业人员应按规定穿戴劳动保护用品，穿防滑鞋，戴手套。

15. 拆除、安装更换伸缩调节器施工时，前方及轨上不得站人。

16. 动作步调一致，统一指挥，注意工具损坏滑脱或飞钉伤人，预防互相碰撞，滑倒伤人。

钢梁桥基本轨垫吊板作业

一、适用范围

1. 主轨悬空 2 mm 及以上的上、下吊板。
2. 防磨垫板损坏,木垫板裂缝宽度大于 3 mm 未进行更换。
3. 增设防磨垫板(原桥无防磨垫板)。

二、劳动组织及机具材料

1. 劳动组织
包括施工防护在内、钢梁桥基本轨垫吊板作业需要 6 人。
2. 机具材料(表 2—14)

表 2—14 钢梁桥基本轨垫吊板作业机具材料

名称及规格	单位	数量	名称及规格	单位	数量
起道钉撬棍	根	2	笤　帚	把	1
道钉锤	把	2	清缝勾	个	2
手　锤	把	2	小油桶	个	2
手　锯	把	1	扁　刷	把	2
拐　尺	把	1	小油壶	个	2
2 m 钢卷尺	把	2	千斤顶(或起道机)	台	2
锛　斧	把	1	小火炉	个	2
木工凿	把	1	胶　垫	块	50

三、作业程序

1. 检查 2 mm 及以上的空吊板和需要更换的防磨垫板,做出标记,并准备好不同厚度的垫板备用。

2. 起、冒道钉。

3. 抬起钢轨,撤出铁垫板及原有防磨垫板。

4. 整平钉孔中木楔及桥枕面并做防腐。

5. 穿入新防磨垫板和铁垫板。

6. 打入道钉、打紧浮离道钉。

7. 回检线路。

四、技术及作业要求

1. 防磨垫板可采用橡胶、耐压塑料、木材等材料制作，平面尺寸与铁垫板相同。

2. 木质防磨垫板易用干透的木材制作，并在氟化钠溶液中热浸 24 h 后取出，平放加压，阴干后使用。

3. 垫板无劈裂、折断、失效，数量不超过 2 层，双层垫板不超过 10%，厚度不超过 12 mm。

4. 线路轨距、水平、方向、高低符合线路维修标准。

五、作业安全

1. 钢梁桥基本轨垫吊板作业设驻站防护员 1 名，工地防护设 2 名。在作业地段两端 500 ~ 1 000 m 处列车运行方向左侧（双线在线路外侧）的路肩上设置作业标。防护示意图见图 2—16。

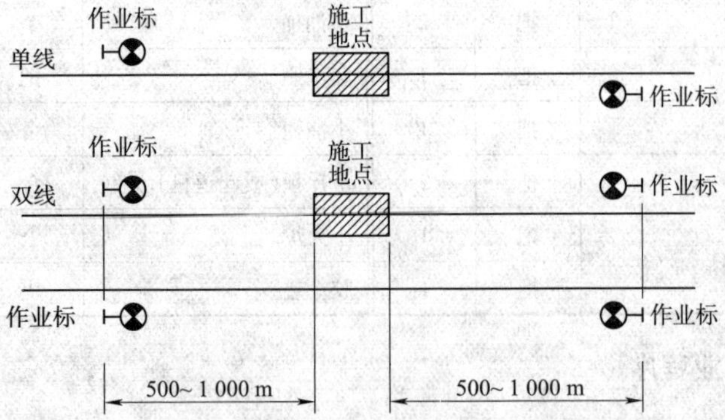

图 2—16 钢梁桥基本轨垫吊板作业防护图

2. 在桥上作业，不得穿带钉和易溜滑的鞋；在无人行道的桥上，禁止在钢轨外侧起钉。

3. 起打道钉时,要防止飞钉伤人和撬棍垫手。

4. 如桥梁在轨道电路区段内时,应使用绝缘撬棍,防止联电。

5. 正确使用劳动保护用品。

钢梁(栏杆)除锈油漆作业

一、适用范围

钢梁及其他钢结构生锈时,应进行除锈油漆,包括除旧漆及绣块、清理及涂底、面漆各二度。

二、劳动组织及机具材料

1. 劳动组织

包括施工防护在内,钢梁(栏杆)除锈油漆作业共需 3 人。

2. 机具材料(表 2—15)

表 2—15 钢梁(栏杆)除锈油漆作业机具材料

名称及规格	单位	数量	名称及规格	单位	数量
各种刮锈刀	套	1	毛　刷	把	1
除锈小锤	把	1	00 号砂布	张	10
钢丝刷	把	1	油漆桶(小)	个	1
油漆刷	把	1	底　漆	kg	5
面　漆	kg	5	稀释剂	kg	2
棉　纱	kg	1			

三、作业程序

1. 除　　锈

(1)由一端向另一端进行作业,先上后下,先难后易。

(2)首先清除杆件缝隙、拐角、铆钉头部及周围的污垢、铁锈、失效漆膜及旧腻子等,而后清除大平面。

(3)个别凹凸不平处和牢固附着的铁锈可用小锤将漆皮、锈皮轻轻敲碎后再行铲刮,至露出钢灰色表面。

(4)若底漆完好,面漆失效,可清除粉化层,用 00 号砂纸打磨擦净后增涂面漆。

(5)局部除锈处的外形(为取得边缘整齐,可事先划线)应做成单个或相连方形、矩形、台阶形的整齐几何图形,其各边应分别与梁部或杆件的轴线平行或垂直,漆膜接茬处应作成顺坡。

(6)人工除锈应注意防止用力过猛,损伤钢料,一般刮刀刃与工作面成30°~45°角。

(7)铲锈完毕,应仔细检查有无遗漏,钢梁有无裂纹等,确认符合要求后,方可进行各缝隙腻缝及涂漆工作。

2. 打　　磨

用钢丝刷、砂布打磨,清除残留的污垢、漆膜、铁锈和氧化皮。

3. 揩　　擦

用毛刷和棉纱头,先后将钢料表面的锈末、粉尘等刷掉揩净。若当日不能涂刷底漆时,可用湿布或棉纱头沾少量清油涂刷覆盖钢面。

4. 油　　漆

(1)漆料符合规定、清洁,如表面有凝结油皮应去掉,并用木棒子仔细搅拌,必要时可用砂布或钢丝筛过滤后使用;若油漆过稠,可按规定要求酌量加入稀释剂。

(2)涂漆时,应少沾多刷(漆刷蘸漆深度以刷毛的1/3,不超过2/3为宜),用力平稳,先将油漆均匀的散涂在钢梁表面上,然后横刷、竖刷(或先竖刷后横刷),自上而下,自左向右,先难后易(在用大油刷刷涂整个表面之前,角落、边缘、缝隙、铆头部及周围应用线条式毛刷或油画笔先行涂刷),一次刷匀,使漆膜平整、光滑,厚度符合要求。

(3)前层漆未干燥不得涂后一层,每涂一层油漆前,须将表面油漆用00号砂布轻轻打磨一遍,并用棉纱头擦拭干净。

(4)恢复描绘钢梁上原有的各种标志。

四、技术及作业要求

1. 旧油漆、腻料开裂失效及铁锈清除彻底,边缘整齐,无污垢、漆皮、锈斑。

2. 钢面无0.5 mm及以上刀痕损伤。

3. 涂油面清洁,加涂面漆时,表面打磨彻底,揩擦干净,无污垢及失效漆膜。

4. 漆膜均匀，层数、厚度符合规定（一般部位底漆二度、面漆二度，个别易损坏或施工困难部位底漆二度、面漆三度，干膜总厚度为 150 ~ 200 μm）。

5. 油漆无漏涂、裂纹、斑点、脱皮、鼓泡、流淌、皱纹，表面光泽好。

6. 上层漆膜应均匀盖住下层，新、旧油漆衔接处平顺整齐，允许新涂油漆压盖旧漆 3 ~5 mm。

7. 各种标志描绘齐全，字迹清晰，无遗漏。

五、作业安全

1. 钢梁除锈油漆作业为不影响行车安全的作业，设工地防护 1 名，在作业地段两端 500 ~ 1 000 m 处列车运行方向左侧（双线在线路外侧）的路肩上设置作业标，见图 2—17。

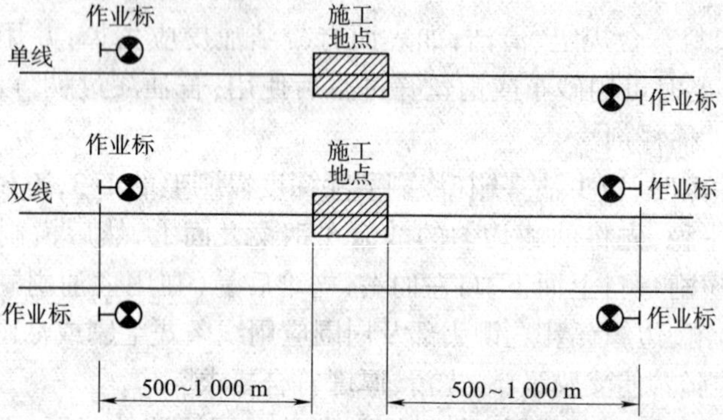

图 2—17　钢梁除锈油漆作业防护图

2. 作业时应戴护目镜、口罩、手套，穿工作服。

3. 工具良好，无失落。

4. 施工人员按规定佩戴好防护用品，穿防护鞋。

钢梁腻缝作业

一、适用范围

1. 对杆件可能存水、通风不良或杆件不密贴的缝隙处所进行处理。

2. 钢梁杆件因锈蚀、碰撞所产生的凹坑处所的填补。

二、劳动组织及机具材料

1. 劳动组织

钢梁腻缝作业需要5人。

2. 机具材料(表2—16)

表2—16　钢梁腻缝作业机具材料

名称及规格	单位	数量	名称及规格	单位	数量
钢丝刷	个	2	砂　纸	张	10
除锈刀	把	2	拌料盘	个	1
灰　抿	个	3	滑石粉	kg	5
油漆桶	个	1	石膏粉	kg	5
红丹粉	kg	5	醇酸清漆	kg	5
小　锤	个	1			

三、作业程序

1. 腻子配制(配合比见表2—17)

表2—17　钢梁腻子配合比

种　类	(一)			(二)	
材料名称	滑石粉	干红丹粉	醇酸清漆	石膏粉	红丹底漆
质量比	4	2	1	3	2

(1)腻子配制时必须拌匀,用小锤锤透。

(2)钢梁杆件可能存水的缝隙，均应清除污垢和铁锈，在另一层底漆干燥后用腻子腻塞。如缝隙是由于铆距过大所造成，应加铆钉，使最大铆距在 160 mm 以内。

2. 腻缝准备工作

(1)检查钢梁缝隙、死角、凹坑部位，做好标记。

(2)检查腻补部位的污垢、锈蚀是否清除干净，否则应彻底清除。

(3)涂完第一度底漆后方能腻缝（若缝隙较小则可用注射器注入红丹防锈漆）。

3. 腻　　缝

(1)根据缝隙大小用铲刀将腻子切成小块，用力填入缝内，再用刮刀压平抹光。必要时可第二遍填入腻条直至填压密实。

(2)用毛刷将腻缝表面清扫干净。

(3)腻子团应放在密闭桶内，随用随取，以防挥发、干燥结皮。

四、技术及作业要求

1. 腻补要密实、平整，干燥后不裂、不缩。无漏腻、无脱落。
2. 缝隙、凹坑、死角处旧油漆、铁锈、污物清除干净。

五、作业安全

1. 钢梁腻缝施工防护示意图见图 2—18，应设工地防护 2 名，在作业

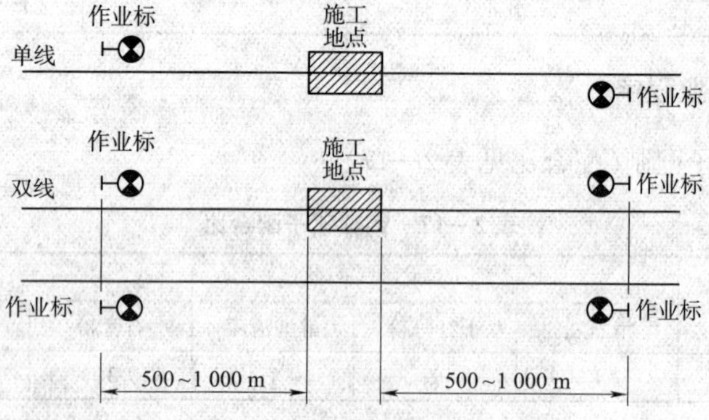

图 2—18　钢梁腻缝作业防护图

地段两端 500 ~ 1 000 m 处列车运行方向左侧（双线在线路外侧）的路肩上设置作业标。特殊情况下可办理封锁施工。

2. 桥上作业时，作业人员必须拴安全绳，戴安全帽，戴口罩、手套，不准穿带钉或易溜滑的鞋。每次使用安全设备前，必须详细检查。

3. 桥下应铺设安全网，防止作业人员坠落。

4. 人员下道避车时应面向列车认真瞭望，防止列车上的抛落、坠落物或绳索伤人。

5. 人员下道避车的同时，必须将作业机具、材料移出线路，放置、堆码牢固，不得侵入限界，两线间不得停留人员和放置机具、材料。

支座整修及涂油作业

一、适用范围

桥梁平板、弧形、辊轴、摇轴支座必须清洁、密贴、灵活、保证梁跨自由伸缩。滚动面必须不积水、不积灰尘、不积冰雪。经常保持良好状态，发挥它的正常作用，如有缺陷应进行修理。工作内容包括：清除锈蚀、污垢、废油脂；补刷油漆；清扫；涂黄油；贴封条。

二、劳动组织及机具材料

1. 劳动组织

支座整修及涂油作业需要2人。

2. 机具材料（表2—18）

表2—18　支座整修及涂油作业机具材料

名称及规格	单位	数量	名称及规格	单位	数量
开口扳手	把	1	小扁刷	把	1
刮　刀	把	1	油漆桶	个	1
剁锈小锤	把	1	长铁钎	根	1
钢丝刷	把	1	扫　帚	把	1
小铁钩	把	1	底　漆	kg	2
面　漆	kg	2	黄　油	kg	5
棉　纱	kg	1			

三、作业程序

1. 拆卸支座防尘罩。

2. 全面清除上、下摆各部位间的锈蚀、污垢、灰尘并清扫洁净。

3. 对上、下摆座（滑动及滚动面除外）进行油漆或补漆，一般涂红丹防锈漆及灰色面漆各两度，手工刷，刷涂应均匀。

4. 支座活动部分如滑动及滚动面等处，彻底清除油污、灰尘后并用竹签绑扎棉纱头沾少许煤油进行擦拭，将滚动面各处擦拭洁净，然后涂润滑油。涂油应均匀无漏涂，也可用石墨粉抹擦。

5. 将涂油处用纸条或纱布条封闭。

6. 安装恢复防尘罩，墩台面清扫洁净。

四、技术及作业要求

1. 支座上、下摆座各部位间密贴紧靠，防锈完好，无失效。

2. 支座各部位清洁、无污垢、灰尘、积水、积冰雪。

3. 摇轴、辊轴和滚动面洁净、无灰尘杂物，润滑油完好。

4. 油脂封条无缺损、无失效。

五、作业安全

1. 墩台高度在 2 m 以上，无围栏时，作业人员应系安全带，或搭简易工作台、架。

2. 作业人员搬运工具、材料，由桥面上下墩台时，严禁抛扔工具，设好防护，注意列车。

3. 作业人员按规定穿戴劳保用品，穿防滑鞋。

4. 上下检查梯应抓稳扶牢。

支座清扫作业

一、适用范围

清扫支座,保持支座清洁,排水畅通。

二、劳动组织及机具材料

1. 劳动组织

支座清扫作业需要 1 人。

2. 机具材料(表 2—19)

表 2—19　支座清扫作业机具材料

名称及规格	单位	数量	名称及规格	单位	数量
竹　签	把	1	小竹刷	把	1
小铁铲	把	1	小铁钎	把	1
小铁钩	把	1	扫　帚	把	1

三、作业程序

1. 用竹刷清扫污垢和堆积物。
2. 用小铁钩或竹片剔除滚动面杂物和支座上下摆间的异物。
3. 用棉纱头擦拭支座表面及滚动面。

四、技术及作业要求

1. 清扫支座,保持清洁无污垢。
2. 清除堆积物,使排水畅通,防止顶面积水。

五、作业安全

1. 墩台高度在 2 m 以上,无围栏时,作业人员应系安全带,或搭简易工作台、架。

2. 作业人员搬运工具、材料，由桥面上下墩台时，严禁抛扔工具，设好防护，注意列车。

3. 作业人员按规定穿戴劳保用品，穿防滑鞋。

4. 上下检查梯应抓稳扶牢。

新设水位尺作业

一、适用范围

在桥梁主河道桥墩侧面的上游处应用油漆描绘水位标尺，并标明历史最高洪水位、警戒水位。工作内容包括：定位、吊线、打边线；清理圬工表面、拌水泥砂浆层；用白色油漆涂底层漆；用黑红色油漆描绘标尺、边线、各种水位高程标志；搭设和拆除脚手架。

二、劳动组织及机具材料

1. 劳动组织

新设水位尺作业需要 4 人。

2. 机具材料（表 2—20）

表 2—20　新设水位尺作业机具材料

名称及规格	单位	数量	名称及规格	单位	数量
升降梯	个	1	长 50 ~ 100 cm 水位标尺尺寸标模	根	1
剁　斧	把	1	尺寸字码模（大小两种）	副	2
竹扫帚	把	1	各水位字样模各一套	副	2
扁油刷	把	1	锤　球	副	2
铅　笔	支	1	直　尺	个	1
小油桶	个	3	白　漆	kg	5
油画笔	支	3	红　漆	kg	5
松香水	kg	2	黑　漆	kg	5

三、作业程序

1. 搭设脚手架（或用梯子）。

2. 中、小桥在桥梁墩台上游、大桥、特大桥在桥墩、台上下游一定位置用垂线吊线，据此画出水标尺一侧垂直边线。

3. 清除水标尺范围内圬工表面污垢、尘土、风化表面层，若为石砌圬工应大致凿平或抹水泥砂浆浆层。

4. 按规定尺寸画出水位标尺宽度尺寸。

5. 涂刷底层白色调和漆两度。

6. 测量并标定出水位标尺起点高程值（用统一的黄海高程）或高度值。

7. 用预制的标准印模划样、描绘尺寸、描绘标志、填写高程等字码。

8. 拆除脚手架或梯子。

四、技术及作业要求

1. 水位标尺位置：小桥涵应设在墩、台侧面上游入口或端墙左右侧。大桥、特大桥应在墩台侧面上下游处。

2. 高程：应采用铁路统一高程标志，水位标尺起点应设在最低水位以下。

3. 水位标尺尺寸：尺寸见图 2—19，标尺应垂直于地平面，字体粗细以 10 ~ 12 mm 为准。

4. 字迹整齐鲜明，颜色要求：水位标尺应以白色调和漆打底。标码数字凡单米数用黑色调合漆，双米数用红色调合漆相间描绘。“最高”洪水位（含发生年月日）“警戒”洪水位之字体，水位线及标尺水位的三角点均用红色调合漆描写。

5. 大中桥水位以高程表示，小桥涵以高度表示。

五、作业安全

1. 工作人员要拴好安全绳、系安全带、戴安全帽。安全绳左右移动距离不得大于 5 m。安全带、安全绳应挂在牢固的物体上并拴绑牢固。安全绳应一绳一人。严禁在一个物体上拴挂几根安全带或安全绳，严禁一根安全带或安全绳上拴挂几个人。安全绳要有专人看守。

2. 搭设脚手架时必须满足工作安全条件要求，搭设牢固（搭设脚手架参照搭设脚手架作业）。

3. 采用梯子时要支牢，坡度不要过陡，应有专人扶梯。

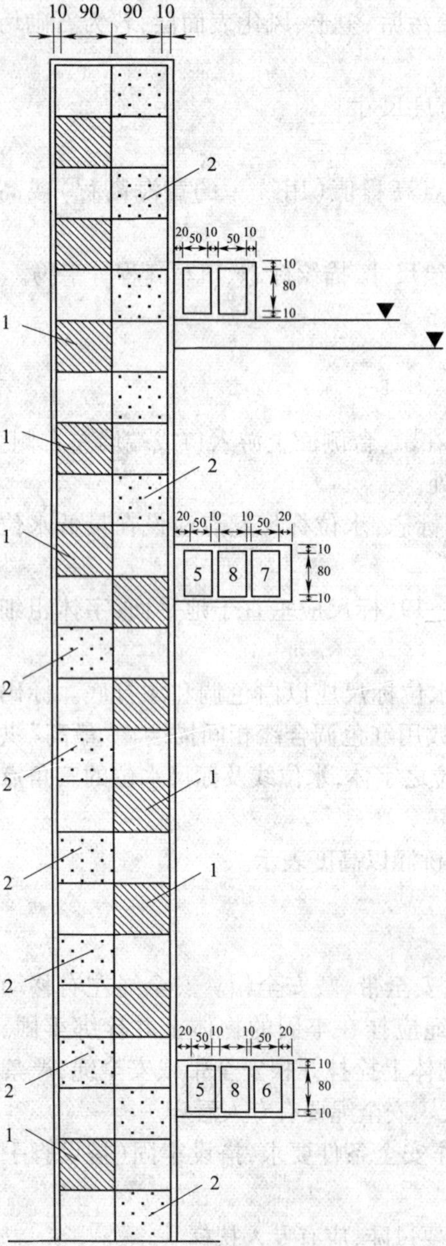

1. 本图尺寸均应以 mm 计。

2. 水位标以 10 cm 为单位划分尺度。

3. 水位标尺设置位置在:①各墩、台埋深基本接近时,可设在主河道距桥头较近之桥墩(单跨时为桥台胸墙)侧面靠上游端头处。②各墩台埋深不一时,可设在埋置较深,接近主河槽之桥墩侧面靠上游端头处。③涵渠为上游入口端墙左侧或右侧边缘。④农田灌溉渠道不设。

4. 水位标尺的制作及描绘规定:①以白色调合漆打底(两度),条石或料石砌筑面应以水泥砂浆抹平,作为标尺基底,而后在基底面上描绘水位标尺。②以红、黑、白三色相间隔作为分格标志。③标尺边宽为 10 mm,并以黑、红色相间描绘,即可表示该高程或高度字码的颜色一致。④标码字体:粗细以 10 ~ 12 mm 为准。凡单公尺数(奇位数)数字钩以黑色调合漆描绘,双公尺数(偶位数)数字均以红色调合漆描绘。⑤"最高"、"警戒"、"水位横线"、"水位三角标志"、"发生年月日"等字体及横线均以红色调合漆描制。

5. 小桥涵水位标尺以上游入口铺砌顶面、涵身最低点为零点,水位向上以高度表示。大、中桥水位标尺自承台顶面向上绘制,水位向上以高程(统一高程)表示。

图 2—19　水位标尺

(标数字 1 为黑色;标数字 2 为红色)

整修桥涵标志作业

一、适用范围

桥梁、隧道、涵渠标油漆脱落，字迹不清，埋设歪斜，撞击裂损等进行修理。

二、劳动组织及机具材料

1. 劳动组织

整修桥涵标志作业需要 2 人。

2. 机具材料（表 2—21）

表 2—21 整修桥涵标志作业机具材料

名称及规格	单位	数量	名称及规格	单位	数量
灰 盘	个	1	木抹板	把	1
铁 锹	把	2	泥 抹	把	1
扁油刷	把	2	小油桶	个	2
油画笔	支	2	砂浆桶	个	1
白 漆	kg	5	红 漆	kg	5
黑 漆	kg	5	松香水	kg	2

三、作业程序

1. 补修缺损部分，歪斜的应重新埋端正并埋设牢固，修补后的圬工表面要求外形方正，表面平整。

2. 清除污垢后，铲除脱落旧漆，涂白色底漆二度，涂后要压住底石杂色。

3. 黑色油漆字体工整，一般要求写仿宋字体，桥梁要注明桥号、里程。

四、技术及作业要求

1. 裂损部分要补修,埋设歪斜的要重埋端正。

2. 桥号标两面清除污垢,铲除脱落旧漆然后涂白色底漆二度保持色泽光亮。

3. 桥号、里程按桥隧技术履历簿资料填写,字迹(黑色)整齐,颜色鲜明。

4. 钢轨混凝土桥涵标制作、钢筋布置、桥号与里程技术要求见图2—20。

五、作业安全

1. 整修桥隧涵标志设防护一名,认真瞭望,及时避让列车。

2. 刷新隧道标志时,梯子搭设牢固,坡度不要过陡,应有专人扶梯。

3. 桥头作业应站稳防滑。

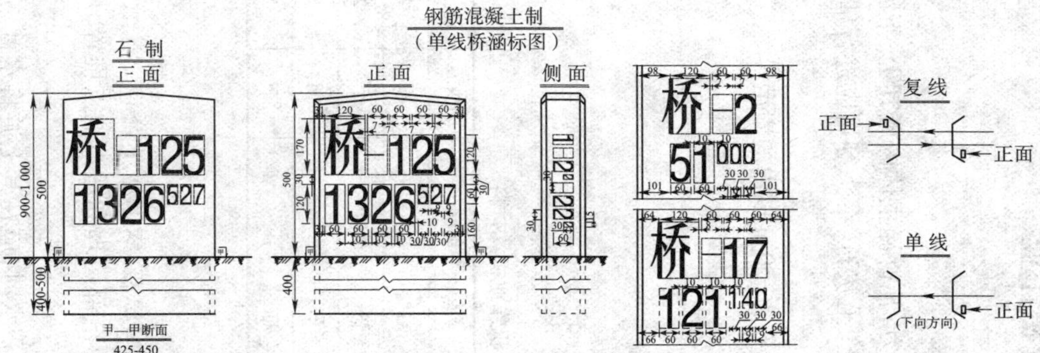

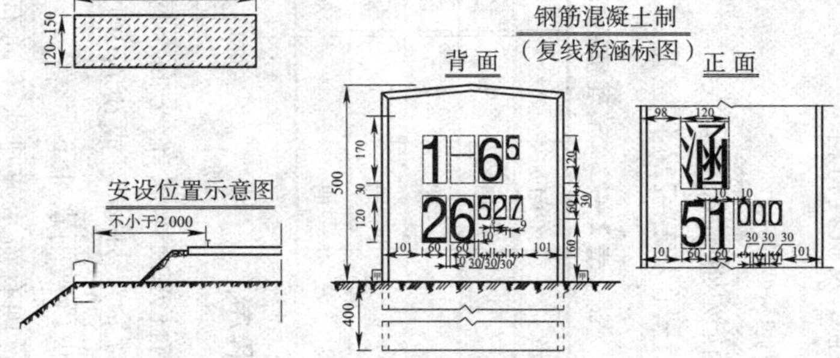

附注：

1. 本图尺寸均以mm计。
2. 安设位置：桥号标安设在列车前进方向左侧桥头前。
3. 桥标里程为桥中心里程。
4. “桥–125”为编号；“1326^{527}”为里程数（1 326为公里数，527为米数）。
5. 标注数字"0–9"见三标桥线8007–34–$\frac{2}{4}$；汉字"桥"见三标桥8007–35–9。

设计		××铁路局 ××工务段 桥涵标志 示意图	图号	
复核			比例	示意
科长			日期	2008.8
审定			第1张共1张	

图 2—20　桥涵标与钢筋布置等

清理桥涵淤积作业

一、适用范围

1. 为不影响桥涵原设计的排洪能力，凡桥涵主体内或其上、下游各30 m范围内河床、沟槽内的淤积物如土、土灰石、石头等均应进行清除，保持排水畅通。

2. 作业内容包括清刷边坡、清挖土石方、50 m以内的搬运等。

二、劳动组织及机具材料

1. 劳动组织

清理桥涵淤积作业需要2人。

2. 机具材料（表2—22）

表2—22　清理桥涵淤积作业机具材料

名称及规格	单位	数量	名称及规格	单位	数量
铁　锹	把	1	抬　杠	根	2
土　镐	把	1	竹　筐	个	2
锄　头	把	1	架子车	辆	1
斧　子	把	1	水　桶	个	2

三、作业程序

1. 清挖时注意河床顺直，平面不应有急弯，表面应平整。

2. 清挖的土方、土夹石或块石等应全部清理到适当地点堆置，堆放必须稳定，防止再被雨水冲下。

3. 桥（涵）内有流水或排水不通有积水时，应在其上游将水截堵好，然后自桥（涵）上游或入口处开始清理，防止涌水夹带土石将作业人员冲走。

4. 较大石块参考铁锲开石的方法进行处理。严禁放炮。

四、技术及作业要求

1. 桥涵上下游约 30 m(视地形而定)范围内,应达到以下几点:

(1)无灌木丛;

(2)沟槽两侧壁无坍塌;

(3)主体及河床内无淤积;

(4)平面无急弯;

(5)排水畅通。

2. 清挖河床或沟槽时,其纵横断面应符合桥(涵)孔径要求,边坡稳定,河床平整,纵坡顺直。

3. 清挖的弃土应运至桥涵址以外适当地点,堆放稳定并不会因再次遭受洪水而流积在桥(涵)河床内。

五、作业安全

1. 桥下作业戴安全帽,列车通过时躲开桥下。

2. 施工人员按规定穿戴劳动保护用品,不穿宜滑的鞋。

3. 在桥涵河床内、天沟、排水沟作业时,注意防滑。

4. 砍除灌木丛要注意手脚,以防砍伤。

5. 多人一起作业时,相互间应保持适当距离。

沉降缝修理作业

一、适用范围

圬工沉降缝损坏,不能保持原有设备完好状态时,均应进行整修工作。

二、劳动组织及机具材料

1. 劳动组织

沉降缝修理作业需要 2 人。

2. 机具材料(表 2—23)

表 2—23　沉降缝修理作业机具材料

名称及规格	单位	数量	名称及规格	单位	数量
大铁锅或大油桶	个	1	铁铲(长柄)	把	1
大铁勺(带长柄)	个	1	铁钩(长柄)	把	1
烙　铁	把	2	木(或铁)柄捣固器	个	2
铁水桶	个	2	小手锤	把	1
麻　刀	kg	10	煤焦油	kg	5

三、作业程序

1. 先调查旧缝填塞材料进行配料,材质要按照技术标准配备和防腐处理。旧缝要清理彻底。

2. 填塞时要求捣塞密实,表面找平或烙平,两边做到整齐美观。

四、技术及作业要求

1. 缝内须由麻筋或麻刀浸泡防腐浆膏或 1∶2 的防腐油与沥青填塞坚实;沉降缝两边圬工尽量取齐。

2. 沉降缝表面处理平整,与圬工连接处要求平顺。

3. 不空不裂。

五、作业安全

1. 如需搭设脚手架时,参照搭设脚手架作业,梯子应设专人扶梯,梯子不宜搭设过陡,防止滑落伤人。

2. 作业人员,应戴护目镜,口罩、手套、鞋盖。

3. 煮油防腐处理时要经常反复搅拌,谨防失火和烧伤。

第二节　隧道作业

打冰作业

一、适用范围

1. 隧道内、边墙起拱线及以下部位的冰块、冰柱和隧内线路道心、枕木头、道岔、轨面等侵限处所的结冰（电气化区段起拱线以上处所的结冰由供电部门负责）。

2. 隧道洞门端墙部位的结冰。

3. 电气化区段，起拱线以下结冰，侵入建筑限界（起拱线以上供电段负责）

二、劳动组织及机具材料

1. 劳动组织

打冰作业需要 5 人。

2. 机具材料（表 2—24）

表 2—24　打冰作业机具材料

名称及规格	单位	数量	名称及规格	单位	数量
打冰镐（绝缘）	把	2	抬　筐	个	2
土　镐	把	2	抬　杠	根	2
铁　锹	把	2	大　锤	把	1

三、作业程序

1. 提前做好打冰作业使用工具及安全防护用品（冰镐、照明灯具等）。使用前要严格检查，确认良好。

(1) 长竹竿及白蜡杆手工打冰。

(2)破冰枪、破冰钩、打冰镐手工打冰。

2. 人工破冰:用破冰工具将起拱线以下边墙部位的冰锥(块或柱)刨掉,从侧面先打侵限的大冰块,后打小冰块,打冰角度不小于45°,防止冰块坠落伤人。

3. 对打下的冰块,要运出洞外,保持洞内无堆积。当天确实不能全部清运的碎冰,要妥善放置在合适边墙底部地点,严禁堆放在进入避车洞时的路径,次日要有计划安排外运。

四、技术及作业要求

1. 隧道内的结冰要及时刨除侵限处所,打冰作业时防止损坏洞内设备。

2. 打下的冰块当天要运出隧道以外,严禁堆放在避车(人)洞内或堆积在进入避车洞时边墙下,以防堆积侵入建筑限界或滑倒避车人员。

3. 隧内边墙部位的结冰厚度在50~100 mm以内时要注意检查,厚度达200 mm时要及时安排打冰。

4. 严格执行电气化区段打冰作业范围规定,对隧道内各种电(光)缆线两侧200 mm范围内不允许打冰,确需打冰时要提前三天由车间填发施工配合通知单,由其设备管理单位负责消除结冰。

5. 边墙坡脚底部与道床间结冰时,冰面不超出道床不打,超出时只清除高出部分,防止挖断光、电缆线。

道岔区段刨除道床结冰时,要先确认结冰处有无电光缆,若无,再刨冰;若有,要提前三天通知相关部门配合或由对方刨除。

6. 道岔区或信号机处电光缆线上结冰时,不得刨冰,通知设备管理单位刨冰。结合设备特点,做好设备周期性的打冰,避免造成不良影响。

五、作业安全

1. 人身安全

(1)每天由施工负责人组织对作业人员进行班前安全、技术教育,布置交代作业项目的技术标准、要求。重点是隧道拱部电气化区段作业的施工安全注意事项、各种防护办法、料具堆放、隧道内布设的各种电缆线、光缆线处所作业时的施工安全注意事项及与当日施工内容等有关的安全规定。对当日作业人员，做到分工明确，职责清楚，责任到人。

(2)打冰作业时应戴好安全防护帽，使用梯凳必须安放稳固；行走隧道及作业中严禁高声喧哗，发现来车要距800 m以外下道，及时进入避车洞内避车。

(3)打冰作业时要携带足够的照明设备；打冰工具在任何情况下，均应离开接触网带电部位2 m以外，以确保安全。

(4)春融前打冰，防止地温回升引起冰柱(块)坠塌侵限或伤人。

(5)隧内结冰检查工作不得少于2人；打冰作业小组，每组不得少于5人。

(6)打冰时要注意洞内布置的各种电(光)缆线设备不得损坏。

(7)工地插设作业标并设专职防护员进行作业防护。

(8)上下班行走，坚持30 m回头望，要注意瞭望和倾听来车，严格执行作业安全规定，佩带安全劳保用品，确保人身安全。

2. 行车安全

(1)隧道结冰处所，均须及时消除，防止结冰侵限而影响行车安全。

(2)打冰使用的工具、梯凳要随时注意保管，打下的冰块严禁在隧内堆放，防止侵入建筑限界。

(3)对隧内起拱线及以下部位布设的各种电(光)缆线处所的结冰，有碍工务正常作业时，由车间与其设备管理部门的车间联系，并填写施工作业配合通知单，要求其部门进行打冰。

(4)未涉及的安全事项，执行铁道部、铁路局及工务段有关安全规定。

清理侧沟作业

一、适用范围

1. 隧道内侧沟清理(包括洞口外翼墙排水沟)。

2. 洞内暗沟堵塞,清理疏通。

二、劳动组织及机具材料

1. 劳动组织

清理侧沟作业需要5人。

2. 机具材料(表2—25)

表2—25　清理侧沟作业机具材料

名称及规格	单位	数量	名称及规格	单位	数量
小撬棍	根	2	水　桶	个	4
照明灯	个	5	手　锤	把	2
方　铣	把	3	手推车	台	1
抬　筐	个	3	抬　杠	根	3

三、作业程序

1. 作业前装好洞内照明。

2. 用小撬棍掀开暗沟盖板,用方铣清除洞内的堆积杂物。

3. 用方铣将侧沟内的煤烟、杂物铲成堆,用筐装好。

4. 暗沟清完后,要盖好暗沟盖板,安放平稳,大缝隙用水泥砂浆堵塞。

四、技术及作业要求

1. 排水沟内杂物清理干净,保持排水畅通。

2. 对暗沟要掀开盖板、清理疏通。

3. 清除的煤烟杂物要运出洞外适当地点。

五、作业安全

1. 有碍电缆槽施工时,事先与电务部门取得联系,确认电缆走向。

2. 隧道清理侧沟作业应设专人防护,在作业地段两端 500 ~ 1 000 m 处列车运行方向左侧(双线在线路外侧)的路肩上设置作业标。防护示意图见图 2—21。

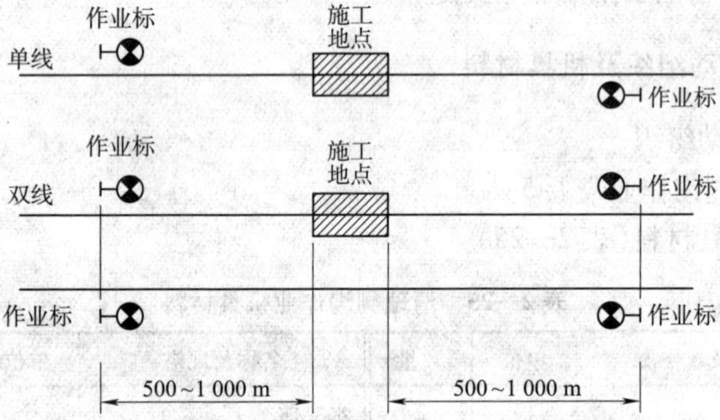

图 2—21　清理侧沟作业防护图

3. 拆除圬工后采取措施,防止道砟溜坍。

4. 配备足够的照明设备。

5. 凿除圬工时要戴护目镜。

6. 运送材料时按规定设置防护。

7. 长大隧道通风时停止作业。

8. 电化区段穿胶鞋作业。

9. 避车时将工具带到限界以外,材料及拆除的圬工不得侵入建筑限界。

增设排水暗槽作业

一、适用范围

1. 拱部堵漏后，在起拱线附近或边墙上凿眼截流，设排水暗槽引流。

2. 一般在温度在5℃～15℃时作业为宜。

二、劳动组织及机具材料

1. 劳动组织

增设排水暗槽作业需要8人。

2. 机具材料（表2—26）

表2—26　增设排水暗槽作业机具材料

名称及规格	单位	数量	名称及规格	单位	数量
手　锤	把	2	小灰抿	把	2
大　锤	把	1	托灰板	把	2
混凝土切割机	台	1	灰斗（或灰桶）	个	1
水　桶	个	1	喷水壶	个	1
铁　锹	把	2	水	kg	100
灰　铲	把	2	水　泥	kg	100
玻璃水	kg	10	PVC管	m	50

三、作业程序

1. 选准部位，凿排水孔眼，将水放出。

2. 从排水眼处沿水流方向凿（垂直）排水暗槽。

3. 用钢丝刷将浮砟清刷干净。

4. 内贴直径50～60 mm半圆塑料管或厚8～10 mm防腐木板条及1 mm厚涂沥青镀锌铁皮一层挡水。

5. 用水泥水玻璃浆膏或矾类防水剂浆膏将塑料管边混凝土衔接缝

隙腻死,防止漏水。

6. 烙聚氯乙烯胶泥条防水带,厚度 3 ~ 10 mm 为宜。

7. 刷净水泥浆一层(水灰比 0.38 ~0.40)厚 1 mm。

8. 用 1 : 2 砂浆填平暗槽(比原混凝土面凹下 10 mm)。

四、技术及作业要求

1. 排水暗槽外层无裂纹变形,无渗漏水。

2. 暗槽无堵塞,排水畅通,将衬砌背后积水导入侧沟。

3. 根据隧道最低气温条件,排水暗槽可适当加深,避免将暗槽冻坏影响排水。

4. 暗槽尺寸一般凿成深 100 ~ 120 mm、底口宽 50 ~ 60 mm、开口处 60 ~ 80 mm 的梯形槽,根据流水量的大小可选不同梯形槽尺寸。

5. 防水浆膏配制标准见表 2—27。

表 2—27　防水浆膏配制标准

水泥水玻璃浆膏	矾类防水剂浆膏
普通水泥 325 ~ 425 号	普通水泥 325 ~ 425 号
水玻璃(30 ~ 40)波美度	矾类防水剂
水灰比 1 : 1	水灰比 1 : 1
水 : 水玻璃(体积)1 : 0.6 ~ 0.8	矾类防水剂掺入量为水泥的 3% ~6%

五、作业安全

1. 增设排水暗槽作业应设工地防护 2 名,在作业地段两端 500 ~ 1 000 m处列车运行方向左侧(双线在线路外侧)的路肩上设置作业标。特殊情况下可办理封锁施工。防护示意图见图 2—22。

2. 施工前车间制定施工安全组织措施并报桥路科审批后,向段指挥中心提报施工计划,申请命令票。施工必须在天窗点内进行。

3. 在电气化区段通过或使用各种车辆、机具设备不得超过机车车辆限界,作业人员和工具与接触网必须保持 2 m 以上的距离。

4. 在距离接触网带电部分不足 2 m 时,必须按规定办理接触网停电申请手续,得到许可停电施工命令,并有接触网工区派人安设临时接地线

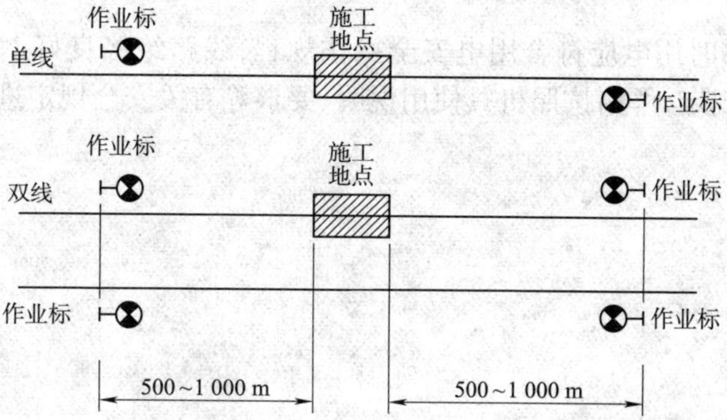

图 2—22　增设排水暗槽作业防护图

后方能施工。

5. 在距离接触网带电部分 2 ~ 4 m 的建筑物上施工时，接触网可不停电，但必须由接触网工或经专门训练的人员现场监护。

6. 隧道内施工严禁高声喧哗。洞内抬运材料时设好防护，来车时及时下道避车。

7. 材料机具堆放牢固，不得侵入建筑限界。

8. 搭设脚手架参照《铁路工务安全规则》有关搭设脚手架作业规定，采用梯子时应有专人扶梯，不可设置过陡。

9. 对无法确定隧内各种电、光缆线路径或电、光缆线有碍作业时必须由段与其设备管理部门（电务、通信等）签定施工安全协议，并由车间与其设备管理部门的车间联系，并填写施工作业配合通知单要求其配合作业，防止作业时损伤各种电、光缆线。

10. 在隧道边墙开槽作业中，对布有各种电、光缆线处所必须采用手工凿槽作业，同时要有安全保护措施。严禁采用机具作业，确保各种电、光缆线完好。

11. 隧道排水槽设置范围为拱部范围及边墙部至排水沟盖板平齐处，严禁采用机具对隧道隐蔽处所进行切割作业，如隧道排水沟沟帮或隧道铺底等隐蔽处所。

12. 在隧道内进行高处作业时，施工人员必须严格执行高处作业安全规定，配戴安全保护用品并设好安全监控人员，防止高处坠落、坠物等情况发生。

13. 临时用电应符合用电安全操作规程，线路绝缘良好。机具使用符合操作规定，严格按照机具使用说明、要求等有关安全规定进行操作。

整治衬砌渗漏水作业

一、适用范围

整治隧道拱部、边墙渗漏水。

二、劳动组织及机具材料

1. 劳力组织

整治衬砌渗漏水作业需要 8 人。

2. 机具材料(表 2—28)

表 2—28　整治衬砌渗漏水作业机具材料

名称及规格	单位	数量	名称及规格	单位	数量
手　锤	把	2	小灰抿	把	2
大　锤	把	1	托灰板	把	2
混凝土切割机	台	1	灰斗(或灰桶)	个	1
水　桶	个	1	喷水壶	个	1
铁　锹	把	2	水	kg	100
灰　铲	把	2	水　泥	kg	100
优止水	kg	10	PE 管	m	50
立止水	kg	10	膨胀螺栓	个	50
冲击钻	台	1	亚克力增强剂	kg	10

三、作业程序

现场勘测→确定引水位置→申请天窗及接触网停电点→封锁区间并安设停车装置→供电工区配合接好搭地线→搭设作业平台→施工作业,处理漏水病害→停电点结束之前结束施工→检查线路,机具、隧道设备是否侵限→清理施工场地、撤除人员机具→拆除固定停车装置开通区间并销记→竣工交验。

隧道严重漏水处所中的主水眼之外的裂缝漏水，采用“立止水”瞬间堵漏剂进行整治。边墙渗水处所采用“优止水”高效防水剂进行整治。主水眼处采用 PE 管引排水。

1. 采用“立止水”瞬间堵漏剂整治隧道衬砌漏水施工方法

对隧道严重漏水处所中的主水眼之外的裂缝漏水，按以下方法进行止水处理：

(1)开工前做好机具、材料各项准备工作，按规定由电务和铁通部门检查电缆的位置。

(2)对隧道衬砌漏水处所，用钢丝刷清除表面灰尘、杂物并用湿布擦洗干净。

(3)将裂缝或漏水洞凿成梯形或 U 形槽或坑，其容积要能盛下足够量的“立止水”。

(4)凿槽或坑的关键是口小里大，使“立止水”能在内膨胀而不至于脱落。

(5)材料用量：1 kg“立止水”可以填充 19 mm × 19 mm × 1.5 m 的裂缝。

(6)按体积比，用一份清水与 4 份“立止水”混合成较硬、均匀的腻子状。每次调和的材料必须在 5 min 内用完。

(7)不要使用高于 37℃的水调和立止水。

2. 采用“优止水”高效防水剂整治边墙渗水施工

隧道漏水眼止水处理过后，对其周边渗水面采用“优止水”高效防水剂进行整治。

(1)表面处理：对衬砌表面清除一切影响优止水与墙体表面良好结合的杂物。

(2)在干净的容器中加入 1 份亚克力增强剂(浓缩剂)和 6 份清水，慢慢搅拌成混合溶液。将“优止水”高效防水剂粉料慢慢倒入容器中，与溶液混合并用电动搅拌器慢慢搅拌成均匀的浓浆状混合物。停止搅拌，让“优止水”与混合液充分吸收至少 5 min。然后再慢慢搅拌，并根据施工的具体情况添加优止水粉料或混合液。一袋(22.7 kg)“优止水”需要 6 L 混合液。

(3)施工前用水将已经清理干净的表面彻底湿润，但不能让水流下来。用较硬的鬃刷涂刷“优止水”高效防水剂，涂敷量 1 kg/m^2。为保证表面涂刷均匀、平整，由上至下涂刷，如衬砌表面变干时应随时用清水湿润，而不要过分稀释优止水。第一遍涂完后，让其干燥一夜，再刷第二遍。第一遍按 1 kg/m^2 量涂刷，第二遍按 0.5 kg/m^2 量涂刷，涂层总厚度为 1 mm左右。严重漏水情况，两遍均按 1 kg/m^2 量涂刷。

3. 隧道边墙部凿槽埋管引排水施工

边墙具有单一点位的线流、射流、股流，且水量较大，不易采用注浆、抹面、嵌缝等堵水措施时，采用 PE 管引排水处理。边墙衬砌漏水处所经“立止水”堵漏和“优止水”防水处理后，渗漏集中于一点，且水量较大而形成一处新的线流、股流时也进行引排水处理。

(1)在漏水点处对衬砌用开槽机或手工进行开凿槽，宽、深为 170 mm × 110 mm 左右，排水槽范围从隧道拱部经边墙至侧沟盖板平齐处。将浮砟清除干净后，将直径为 150 mm 的 PE 管分成两半埋设在排水槽内，并间隔适当距离(1 m)用 U 形卡进行固定，埋设时保证管壁距衬砌表面间距离不小于 20 mm，之后将管壁外侧用“立止水”进行封堵，最后用“优止水”涂抹衬砌表面。

(2)埋管时，开口对准出水点。

(3)凿槽排水要正对出水点，一根排水管要尽量通过多个出水点或钻孔引水点。

四、技术及作业要求

1. 表面清理彻底、干净，无污垢、油污。

2. 材料配合比正确，并符合技术要求。

3. 渗漏水处所整治彻底，整治完后无渗漏水。

4. PE 排水管安装牢固，设置符合要求。

5. 调和立止水不得使用高于 37℃的水。

6. 拌和“优止水”混合物时，停止搅拌后，“优止水”与混合液充分吸收至少 5 min。

7. “立止水”每次调和的材料必须在 5 min 内用完。

8. 排水槽开槽宽、深为 170 mm × 110 mm 左右，采用直径为 150 mm 的 PE 管。排水槽范围从隧道拱部经边墙至侧沟盖板平齐处。

五、作业安全

1. 整治衬砌渗漏水作业应设工地防护 2 名，在作业地段两端 500 ~ 1 000 m处列车运行方向左侧（双线在线路外侧）的路肩上设置作业标。特殊情况下可办理封锁施工。防护示意图见图 2—23。

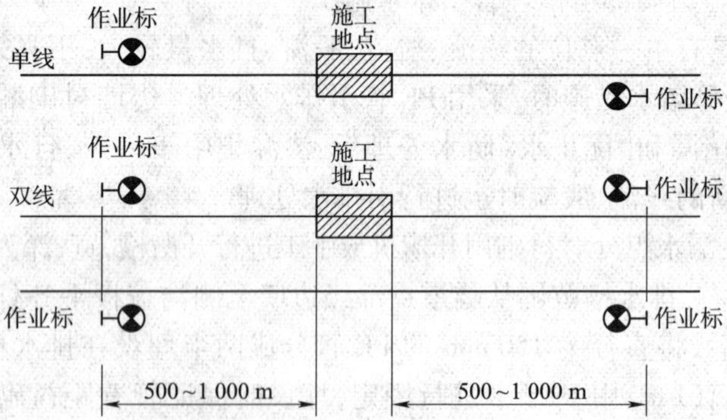

图 2—23　整治衬砌渗漏水作业防护图

2. 施工前车间制定施工安全组织措施并报桥路科审批后，向段指挥中心提报施工计划，申请命令票。施工必须在天窗点内进行。

3. 在电气化区段通过或使用各种车辆、机具设备不得超过机车车辆限界，作业人员和工具与接触网必须保持 2 m 以上的距离。

4. 在距离接触网带电部分不足 2 m 时，必须按规定办理接触网停电申请手续，得到许可停电施工命令，并由接触网工区派人安设临时接地线后方能施工。

5. 在距离接触网带电部分 2 ~ 4 m 的建筑物上施工时，接触网可不停电，但必须由接触网工或经专门训练的人员现场监护。

6. 隧道内施工严禁高声喧哗。洞内抬运材料时设好防护，来车时及时下道避车。

7. 施工前及施工中经常检修保养机具，确保正常使用，并按机具操作规程进行操作。材料机具堆放牢固，不得侵限。

8. 搭设脚手架参照“搭拆脚手架作业”，采用梯子时应有专人扶梯，不可设置过陡。

9. 对无法确定隧内各种电、光缆线路径或电、光缆线有碍作业时必须由段与其设备管理部门(电务、铁通等)签定施工安全协议并由车间与其设备管理部门的车间联系,并填写施工作业配合通知单要求其配合作业,防止作业时损伤各种电缆线、光缆线。

10. 在隧道边墙开槽作业中,对布有各种电、光缆线处所必须采用手工凿槽作业,同时要有安全保护措施,严禁采用机具作业,确保各种电、光缆线完好。

11. 隧道排水槽设置范围为拱部范围及边墙部至排水沟盖板平齐处,严禁采用机具对隧道隐蔽处所进行切割作业,如隧道排水沟沟帮或隧道铺底等隐蔽处所。

12. 在隧道内进行高处作业时,施工人员必须严格执行高处作业安全规定,配戴安全保护用品并设好安全监控人员,防止高处坠落、坠物等情况发生。

13. 临时用电应符合用电安全操作规程,线路绝缘良好。机具使用符合操作规定,严格按照机具使用说明、要求等有关安全规定进行操作。

第三节　路基作业

刷坡作业

一、适用范围

路基工程中的整修坡面及刷坡挖土。

二、劳动组织及机具材料

1. 劳动组织

包括施工防护2人在内，刷坡作业需要5人。

2. 机具材料（表2—29）

表2—29　刷坡作业机具材料

名称及规格	单位	数量	名称及规格	单位	数量
土　镐	把	2	钢　钎	根	1
铁　铲	把	4	撬　棍	根	1
大　锤	把	1	坡度尺	个	1

三、作业程序

1. 砍除边坡杂草荆棘，并清除可能塌落的危石、危土。
2. 根据设计坡度或实际需要，测量放桩。
3. 从上而下，逐层开挖土石，并逐层整修坡面，直到符合设计要求。
4. 刷下的土石应及时运走，不得侵入建筑限界。
5. 收拾工具，清理现场，必要时清筛道床。

四、技术及作业要求

1. 路堑边坡应修整平顺，无危石、浮石、渣堆、杂物、坑穴和凹槽。

2. 边坡坡度、变坡点、平台位置及宽度应符合设计要求，允许偏差不得超过表 2—30 规定。

表 2—30　路堑边坡允许偏差

序号	项　目		允许偏差	检验项目		检验方法
				范　围	点　数	
1	边坡坡度		5% 设计坡度	每 100 m 每侧	2(上下部各 1 点)	用竿尺或坡尺量计
2	变坡点位置		±20 cm	每　段	3	水准仪测或尺量
3	中部平台	位置	±20 cm	每　段	3	水准仪测或尺量
		宽度	±10 cm	每　段	3	尺　量

3. 弃土：

(1)在平缓地面，弃于堑顶上方应连续堆置，使堑顶地面水顺利排出路堑以外，弃于堑顶下侧应留有缺口。

(2)弃土堆应能保持自身稳定和不影响路基边坡的稳定。

弃土堆坡脚至堑顶的距离，堑坡高度等于或小于 5 m 地段，不应小于 2 m，堑坡高于 5 m，设有挡土墙或边坡防护地段不应小于 3.5 m。弃土堆内侧边坡高不应大于 2.5 m，坡度不应陡于弃土的自然休止角。

(3)以下地段和部位，如无稳定措施，不得弃土。

①地面横坡陡于 1∶5 地段的堑顶上方；

②路堑边坡土质松软或岩层倾向线路，且倾角对边坡稳定不利的地段。有滑动危险或受水冲刷可能造成泥石流地段；

③浸水路堤边坡上。

4. 对自然条件和构筑物有危害的弃土限制：

(1)桥孔、涵管口水道应不受挤压；

(2)桥墩台或其他构筑物应不受弃土造成的偏压；

(3)沿河岸或旁山的弃土，不应引起挤压河道或加剧对岸冲刷。

5. 溶洞漏斗处和暗河口，严禁弃土。

五、作业安全

1. 施工地段两端设防护员各1名。在作业地段两端500～1000 m处列车运行方向左侧（双线在线路外侧）的路肩上设置作业标。列车接近该作业标时，司机必须长声鸣笛，注意瞭望。防护示意图见图2—24。

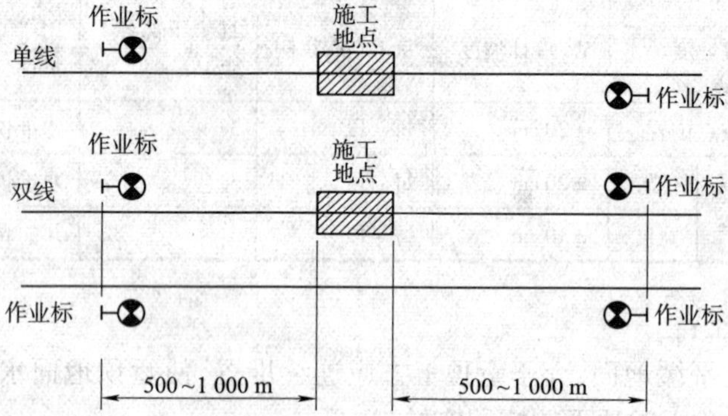

图2—24 刷坡作业施工防护图

2. 临边作业应设置防护围栏和安全网。悬空作业应有可靠的安全防护设施。未设置隔离设施的高处作业，人员不得垂直施工。

安全桩的埋深一般不少于0.75 m，土质山坡不少于1.0 m，必要时适当加深。安全桩距陡坡边缘不得少于3 m。在悬岩陡壁处工作，必要时应打两个安全桩（即护桩）。每次施工前安全桩必须有专人检查，施工中应派人看守，以防安全桩松动而造成人身事故。

安全绳左右移动距离不得大于5 m。安全带、安全绳应挂在牢固的物体上并拴绑牢固，安全桩应一桩一绳。安全绳应一绳一人，严禁在一个物体上拴挂几根安全带或安全绳，严禁一根安全带或安全绳上拴挂几个人。

3. 每天开工前应检查坡面有无裂缝及可能坍塌的迹象，危石、危土是否已清除干净。凡可以处理的应立即处理，不能处理且对施工安全有威胁时，施工人员应立即向施工负责人报告进行妥善处理。

4. 开挖土方应自上而下，严禁挖悬空土。

5. 多人同时在坡面上开挖作业时，应大致在同一高度自上而下进行，严禁上下重叠作业。开挖人相互间距不应小于2 m。

6. 进行撬石作业时，施工人员站立点必须稳固，不准站在活动的石块上工作。多人同撬一石必须统一指挥。对于可能损坏行车设备、危及行人的石块应分解放下，必要时按规定进行防护或封锁施工。

7. 在有可能发生落石的路堑内作业，应戴安全帽。

8. 作业过程中，严禁在危岩边上和边坡脚下休息，严禁将工具任意抛置和放在危岩下面。

9. 作业机具应经常检查维修，不良机具不得使用，并遵守有关机具操作规程。

10. 在离地面2 m以上的陡坡作业，必须拴安全绳，戴安全帽，不准穿带钉或易溜滑的鞋。每次使用安全设备前，必须详细检查。

11. 边坡上进行挖土作业时，坡脚下不得站人或进行其他工作。

12. 列车通过时，应停止作业，土石、工具不得侵入限界。

13. 在埋设有电缆处所，尤其是站内施工时，应在开工前与电务、通信单位联系，签订施工协议书，调查电缆的埋设位置及走向，防止挖坏电缆，造成事故。

开挖水沟作业

一、适用范围

路基地面排水及地下排水工程中的挖土作业

二、劳动组织及机具材料

1. 劳动组织

开挖水沟作业需要 2 人。

2. 机具材料(表 2—31)

表 2—31 开挖水沟作业机具材料

名称及规格	单位	数量	名称及规格	单位	数量
土 镐	把	2	钢 钎	根	1
铁 铲	把	4	撬 棍	根	1
大 锤	把	1			

三、作业程序

1. 调查弃土堆放地点。

2. 测量放桩,确定排水设备的平面位置,标明水沟的开挖宽度、深度。

3. 开挖土石方:

(1)沟内有水,水量不大时,应进行拦截;水量较大时,应拦截引出或抽水。从下游向上游逐段开挖。

(2)边坡渗沟及支撑渗沟应逐级开挖。

(3)地下排水设备开挖较深或土质不良,实际需要做沟壁支撑时,应设置支撑,以保证作业安全。

4. 弃土:

(1)天沟、截水沟的弃土,一般不得弃于沟的上方,以防冲进沟内;如堆放在下方时,应距堑坡顶边缘不少于2 m。堆放整齐,并注意留有排水缺口。必要时应将弃土运走。

(2)侧沟挖土或清除淤泥时,不得把土弃于边坡或路基上,应运到路堑以外。

5. 整修水沟。

6. 收拾工具,清理现场。

四、技术及作业要求

水沟沟底、边坡应平顺整齐,沟内无积水,不得有浮土、杂物,其纵坡、断面尺寸应符合设计要求。

五、作业安全

1. 作业机具应经常检查维修,不良机具不得使用,并遵守有关机具操作规程。

2. 挖土时,应从上向下开挖,严禁掏底挖土。作业人员之间的距离应小于2 m。

3. 列车通过时应停止作业,土石、材料、工具不得侵入建筑限界。

4. 在埋有电缆处所,尤其是站内施工时,应在开工前与电务、通信单位联系,签订施工协议书,调查电缆的埋设位置及走向,防止挖坏电缆,造成事故。

危石处理作业

一、适用范围

路基堑坡、自然山体坡面危及行车安全的危石。

二、劳动组织及机具材料

1. 劳动组织

危石处理作业,A、B 级扫山需要 15 ~ 20 人;C 级扫山需要 5 ~ 10 人。

2. 机具材料(表 2—32)

表 2—32　危石处理作业机具材料

<table>
<tr><th>名称及规格</th><th>单位</th><th>数量</th><th>名称及规格</th><th>单位</th><th>数量</th></tr>
<tr><td>安全绳</td><td>根</td><td>4</td><td>安全带</td><td>根</td><td>2</td></tr>
<tr><td>安全桩</td><td>根</td><td>4</td><td>钢　钎</td><td>根</td><td>2</td></tr>
<tr><td>铁　锤</td><td>把</td><td>2</td><td>撬　棍</td><td>根</td><td>2</td></tr>
<tr><td>柔性网</td><td>m^2</td><td rowspan="2">按工作量大小确定</td><td>导爆管</td><td>m</td><td>按工作量大小确定</td></tr>
<tr><td>炸　药</td><td>kg</td><td></td><td></td><td></td></tr>
</table>

三、作业程序

(一)A 级扫山

利用天窗点封锁区间,采用柔性网防护,爆破或人工破碎处理山体大量危石,同时对线路、接触网杆进行防护,并且由线路和接触网工区配合,在信号机和自闭等地段,要求电务工区配合。

1. 作业准备

(1)每月 10 日前桥路车间向技术科提报下月 A 级扫山施工计划。

(2)A 级扫山作业由技术科每月 15 日前向路局提报次月施工计划,必要时发电报申请要点扫山。

(3)A 级扫山作业由技术科组织车间、工区上山检查共同确定作业范围及要扫除的危石和处理方案，确定所需劳力，材料及配合单位，利用天窗时间封锁线路施工。

(4)作业命令票申请：按照计划批准日期，技术科提前一周向路局提报安全技术组织措施和开工报告，审批后交段指挥中心一份，段指挥中心于施工前三日按施工项目向工务处申请施工命令票。

(5)按照计划批准日期，车间提前一周向技术科、段指挥中心提报劳力组织及工具、材料到位情况，防护员和配合单位落实情况。

(6)施工安全技术措施中应有施工网络流程图、施工防护示意图及安全关键卡控表，并附有一日一案。

(7)段安全科、车间分别和配合单位(接触网、线路工区)联系，落实配合事宜。由车站站长组织施工车间和配合单位召开协调会议，明确责任，落实施工前准备工作。

2. 作业程序

(1)按要求施工前应召开施工协调会、点前分工会。

(2)向车站提报申请要点计划，并按规定填写《运统—46》进行登记。并注明接触网工区配合(电务)，要求司机在扫山施工地段前加强瞭望。

(3)A级扫山施工在天窗点前，山下作业人员用旧木枕或其他防护材料对接触网等铁路设施进行防护，山上作业人员根据孤石、危石的处理方法，做好准备工作。

(4)按标准设好安全桩，拴好安全绳，系好安全带，戴好安全帽。

(5)指定经验丰富、认真负责人员进行检查。

①目看：观察围岩节理，看裂隙产状和相互切割关系。

②敲：用铁锤或钢钎敲打岩体，有空响声说明已从基岩脱离成危石。

(6)处理危石时应先防护再处理。对所处理危石下部采用防护网进行防护，防止处理危石时危石掉落在线路上。

①采用柔性防护网防护，其规格为2 m高，长度根据危石处理范围而定。防护网应绑扎牢固，防护网面与山体坡面应尽量保持垂直，高度不少于2 m。第一道防护网距危石水平距离应在1～2 m。第二道防护网距危石水平距离应在15～20 m，内挂等高1～1.5目的砂网，以防小石块飞出。

②防护网底边固定在打入地下不少于1.2 m的钢钎顶部。钢钎(直径不小于22 mm)间距为1～2 m。网体每2～3 m有一支撑(可用树杆

等），使网面与山体坡面基本垂直，防护网顶边每 2 ~ 3 m 用钢丝绳牵拉，钢丝绳端部固定在牢固物体上（或钢钎）。

（7）撬除危石：铁锲开石前用尖钎凿出一深 6 ~ 8 cm 的小槽，形状和铁锲一样。安放铁锲时，应先用手锤打紧，再以大锤顺次敲击。打第一遍时力量宜小，第二遍时再高举猛打。用力均匀，使每一个锲子都能发挥力量。

（8）危石需爆破作业时，爆破作业必须在给点后，并在铁路设施做好防护后，方可点燃引爆装置。爆破处理的危石，均采用明炮爆破，严禁打眼爆破。

①作业前要试验导火索的燃烧速度，并推算好点炮员到达安全地点的时间，确定导火索的截取长度。爆破时，山上作业人员在点炮前要先躲避到安全地点，点炮人员要按计划好点炮的顺序点炮，并选好躲炮地点。

②需爆破处理的危石，应根据危石的大小、坚硬程度确定炸点数和装药量（最多不超过 10 管）。

③炸药应排成▲形，导爆管插入中间或最上面的一管爆药，管头部全部插入炸药内，用黄泥将炸药全部密封。

④导爆管网络连接时，所用导爆段数必须同号，如用导爆管相互连接引爆，则将导爆管均匀地排布在引爆导爆管外侧，用胶布缠绕五层以上，必须缠绕紧。1 发引爆导爆管管外侧最多捆扎 10 根导爆管，导爆管末端应露出捆扎部位 100 mm 以上。如用火雷管引爆，1 发火雷管外侧最多捆扎 20 根导爆管。

⑤塑料导爆管在使用过程中要避免将其划破损伤、打死结、烧坏。所有连接头部 1 m 范围内严禁有其他导爆管。

⑥连接末端的引爆导爆管与火雷管连接，需用胶布绕紧，导火索应正直插入雷管口，使导火索切口与雷管内的加强帽平正接触。导火索燃烧的喷火正直穿过加强帽孔引发起爆，如斜插或接触不良，会造成拒爆。

（9）开通线路前，施工负责人要命令山上停止作业，山下作业人员清除线路上及限界内石块、杂物及防护木枕，并通知接触网及线路配合人员检查其设备，线路未达到放行列车条件，严禁冒险放行列车，若设备有损伤，立即组织整修，限速开通线路；若设备正常，按点通知车站，按时开通线路。

(10)驻站防护员根据现场反馈信息,在《运统—46》上销记。并向段指挥中心汇报。若当日或次日需继续扫山,应通知驻站防护员在《运统—46》上进行登记。

(11)施工结束当日,施工负责人向段指挥中心详细汇报扫山情况,包括施工人数,配合单位,给、销点时间,处理危石数量,炸药使用数量、安全情况,次日是否施工、组织召开施工总结会等。

(二)B级扫山

利用"天窗点"封锁区间,采用柔性网防护,人工破碎较大的孤、危活石。有可能影响接触网或线路,要求线路和接触网工区配合。

1. 作业准备

(1)每月20日前桥路车间向技术科提报下月B级扫山施工计划。

(2)B级扫山作业由桥路车间组织工区上山检查共同确定作业范围及要扫除的危石和处理方案,确定所需劳力,材料及配合单位,利用"天窗"时间封锁线路施工。

(3)作业命令票申请:按照计划批准日期,桥路车间提前一周向段提报安全技术组织措施和开工报告,审批后交段指挥中心一份,施工前三日按施工项目向段指挥中心申请施工命令票。

(4)按照计划批准日期,车间提前一周向技术科、段指挥中心提报劳力组织及工具、材料到位情况,防护员和配合单位落实情况。

(5)施工天窗按天窗管理的有关要求,向车站提报申请要点计划,并按规定填写《运统—46》进行登记。同时注明接触网工区配合(电务),要求司机在扫山施工地段前加强瞭望。

(6)若需外单位配合时,应由段签定配合协议。车间和配合单位(接触网、线路工区)联系,落实配合事宜。必要时技术科组织车间和配合单位召开协调会议,明确责任,落实施工前准备工作。

(7)作业前认真填写作业计划单,施工作业中必须携带"一单三卡"、段批准的施工安全组织措施、安全配合协议等资料。

2. 作业程序

(1)B级扫山施工在"天窗点"前,山下作业人员用旧木枕或其他防护材料对接触网等铁路设施进行防护,山上作业人员根据孤石、危石的处理方法,做好准备工作。开石作业必须在给点后方可施工。

(2)按标准设好安全桩,拴好安全绳,系好安全带,戴好安全帽。

(3)指定经验丰富、认真负责人员进行检查:

①目看:观察围岩节理,看裂隙产状和相互切割关系。

②敲:用铁锤或钢钎敲打岩体,有空响声说明已于基岩脱离成危石。

(4)处理危石时应先防护再处理。对所处理危石下部采用防护网进行防护,防止处理危石时危石掉落在线路上。

①采用柔性防护网防护,其规格为2 m高,长度根据危石处理范围而定。防护网应绑扎牢固,防护网面与山体坡面应尽量保持垂直,高度不少于2 m。防护网距危石水平距离应在1~2 m。内挂等高1~1.5目的砂网,以防小石块飞出。

②防护网底边固定在打入地下不少于1.2 m的钢钎顶部。钢钎(直径不小于22 mm)间距为1~2 m。网体每2~3 m有一支撑(可用树杆等),使网面与山体坡面基本垂直,防护网顶边每2~3 m用钢丝绳牵拉,钢丝绳端部固定在牢固物体上(或钢钎)。

(5)撬除危石:铁锲开石前用尖钎凿出一深6~8 cm的小槽,形状和铁锲一样。安放铁锲时,应先用手锤打紧,再以大锤顺次敲击。打第一遍时力量宜小,第二遍时再高举猛打。用力均匀,使每一个锲子都能发挥力量。

(6)开通线路前,施工负责人要命令山下作业人员清除线路上及限界内石块、杂物及防护木枕,并通知配合人员检查其设备,线路如未达到放行列车条件,严禁冒险放行列车,若设备有损伤,立即组织整修,限速开通线路;若设备正常,按点通知车站,按时开通线路。

(7)驻站防护员根据现场反馈信息,在《运统—46》上销记。并向段指挥中心汇报。若次日需继续扫山,应通知驻站防护员在《运统—46》上进行登记。

(8)施工结束当日,施工负责人向段指挥中心详细汇报扫山情况,包括施工人数,配合单位,给、销点时间,处理危石数量、安全情况,次日是否施工等。

（三）C 级扫山

对山体进行拉网式群检，对所发现孤石、危活石不得清除下山，只对危石进行捆绑、插别、堆码、掩埋、支顶、编号等作业。必要时安设防护网防护。

1. 作业准备

①作业前一天 20 时前，工区工长向车间申请“ C 级施工命令票 ”，车间根据工作性质，对班组的作业准备、防护人员进行审核，确认符合规定后，按照“ 日计划 ”确定施工负责人和安全防护员，申请命令票。

②工区作业前根据当日作业情况向参加作业的人员进行班前安全教育，向作业负责人发放作业命令票，作业负责人根据命令票作业。

2. 作业程序

（1）按标准设好安全桩，拴好安全绳，系好安全带，戴好安全帽。

（2）工区根据山体的高度、坡度、大小等情况进行分工，确定负责人，每 2 ~ 3 人一组，携带工具及安全劳保用品，分层或分段对责任范围的山体坡面进行拉网式检查，发现孤石、危石、活石时，要详细记录孤危石的具体情况，如：危石大小，距离线路的高度和水平距离、建议整治方法等，用油漆进行标注、编号，并修好到达孤危石的小路。采用破碎、堆码、掩埋、插别捆绑等方法进行处理，严禁将危石清除下山。

四、技术及作业要求

1. 对易于塌落的危石要撬除彻底，不留隐患。

2. 对暂不能清除的危石，要做好标记，另行安排计划处理，定期观测。

3. 对不能撬除的危石，用加固措施，支撑牢固。

4. 处理后的危石无法背出时，必须牢固地堆码在平台上，堆码高度不超过 1 m 且不大于 3 层，或挖坑掩埋。堆码必须做到稳固，防止石块滚落。

5. A、B 级扫山处理后的山体坡面无活石、无松动石块、无浮石。

五、作业安全

1. A、B 级扫山按要求设驻站防护 1 名、施工地点及两端各设工地防护1名。施工防护图见图2—25、图2—26。

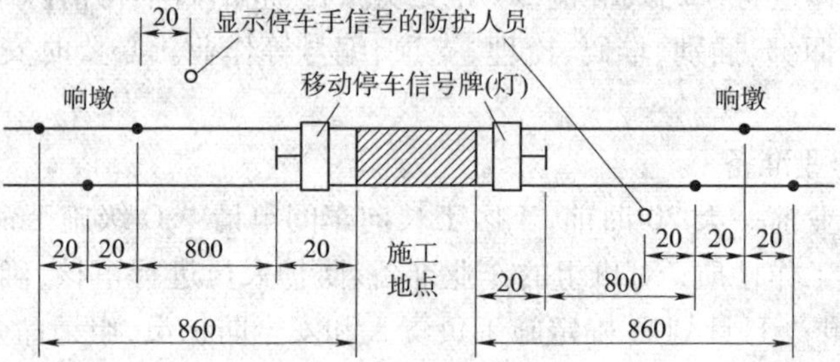

图2—25 危石处理作业单线区间施工时施工防护图(单位:m)

注:防护距离(自施工地点至最外方第一个响墩间)通常为A(800 m)+60 m,在规定利用动能闯坡的区间施工,其防护距离不得小于1 100 m。以下同。

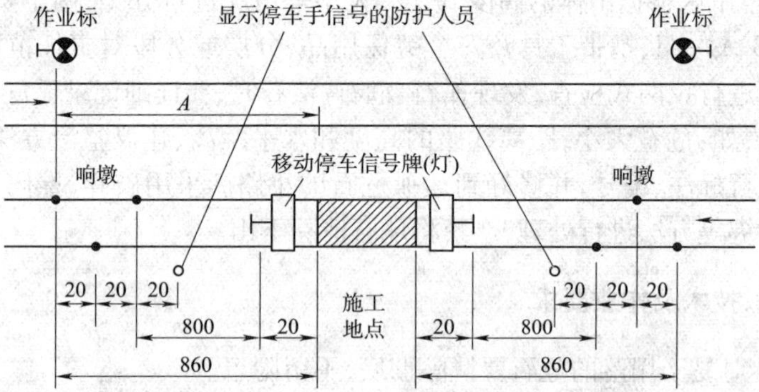

图2—26 危石处理作业双线区间一条线路施工时施工防护图(单位:m)

2. C级扫山作业设工地防护2名,在作业地段两端500~1 000 m处列车运行方向左侧(双线在线路外侧)的路肩上设置作业标。防护示意图见图2—27。

3. 按标准设好安全桩,拴好安全绳,系好安全带,戴好安全帽。

4. 坡面作业应设置防护围栏和安全网。悬空作业应有可靠的安全防护设施。未设置隔离设施的高处作业,人员不得垂直施工。

5. 安全桩的埋深一般不少于0.75 m,土质山坡不少于1.0 m,必要时适当加深。安全桩距陡坡边缘不得少于3 m。在悬岩陡壁处工作,必要

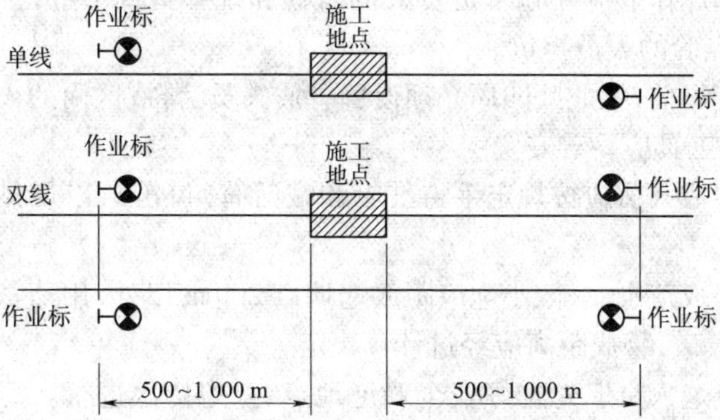

图 2—27　C 级扫山作业施工防护图

时应打两个安全桩(即护桩)。每次施工前安全桩必须有专人检查,施工中应派人看守,以防安全桩松动而造成人身事故。

安全绳左右移动距离不得大于 5 m。安全带、安全绳应挂在牢固的物体上并拴绑牢固,安全桩应一桩一绳。安全绳应一绳一人,严禁在一个物体上拴挂几根安全带或安全绳,严禁一根安全带或安全绳上拴挂几个人。

6. 扫山作业前,应在需处理的危石下方设防护网,防止处理过程中过大石块坠落。

7. 严禁在天窗点外处理防护网以外的危石。

8. 作业时,山上作业人员严禁重叠作业,尽可能在同一水平面内施工,清除危石应从上向下进行。

9. 山下清道人员要避让于安全地段,监视落石情况,以防发生不测。

10. 处理危石前和处理过程中,要不断查看危石及后面岩体的变化,以防造成新的病害或扩大病害。

11. 作业中若需 2 人以上同撬一块石头时,必须统一指挥,动作协调一致,防止发生人身伤害。

12. 山上作业人员必须在天窗点内将网内的散、弃、活石清扫,处理完毕后方可下山。

13. 爆破作业前,必须在需处理的危石下方设好防护网,防止爆破后过大石块坠落。

14. 起爆作业应在施工负责人的监督和统一指挥下进行，起爆应由具有爆破经验的人员担负。

15. 起爆前，警戒区四周必须设置警戒人员，警戒区内的人畜应一律撤离，施工工具应妥善安置。

16. 警戒人员应按规定手持红旗和喊话筒（口笛），以便显示标志传达信号。

17. 警戒范围，一般小炮应距放炮地点 200 m 以外，用药量较多的爆破及特殊爆破，警戒距离应经过计算决定。

18. 点炮人员应先选好安全躲炮地点，点炮依次进行。每人每次点炮超过 5 炮时，可用信号雷管控制点炮时间，当点炮人听到信号雷管爆炸后，应立即停止点炮，进入安全区，并将点炮情况详细向施工负责人汇报。信号雷管的引线长度不得超过该次被点引线中最短引线长度的 1/3。

19. 听炮人数应为 3 人，分别在 3 个不同地方记录已响炮数，互相核对，经 3 人核对如无盲炮，从最后一响起 5 min 后方可进行爆破检查。若听炮数字与点炮数字不符，应等 15 min 后，方准进入爆破区检查。

20. 用电雷管起爆时，炮响后应立即取下爆破机手柄，然后拆除电线，待烟尘消散后即可进入爆破区检查，爆破机的手柄应始终由爆破组长一人携带、使用、保管。

21. 在近处有闪电、雷声或雨云弥漫，有突然发生雷电可能的时候，不准使用电雷管起爆。爆破作业场地的杂散电流值大于 30 mA 时，严禁采用普通电雷管起爆。电气化区段严禁使用电雷管起爆。有瓦斯地区不准使用普通雷管起爆。

22. 爆破线路应与带电的其他线路分开，并不准交叉拉设。

23. 在线路附近爆破，有可能影响通信、电力线路等铁路设备时，应取得相关设备管理单位的配合，采取保护措施。

铁锲开石作业

一、适用范围

根据作业要求为了砌块成形,对不规则的片石、卵石、块石及各类料石均应进行开劈或清面工作。

二、劳动组织及机具材料

1. 劳动组织

铁锲开石作业需要 2 人。

2. 机具材料(表 2—33)

表 2—33　铁锲开石作业机具材料

名称及规格	单位	数量	名称及规格	单位	数量
铁　锲	个	4	大锤(8 磅)	把	2
钢　钎	根	2	手　锤	把	2
刨　钳	把	1	墨　斗	个	1

三、作业程序

1. 先在石料截开的部位,划上墨线,用尖钻沿墨线凿成一条浅沟槽,再沿槽开出锲眼或锲槽,其锲槽深一般为 6 ~ 8 cm,形状和锲块一样。

2. 安放铁锲时,应先用手锤敲,再以开山锤顺次敲击。打第一遍时力量易小。打第二遍时再高举猛打,用力均匀,使每一个锲子都能发挥力量。

四、技术及作业要求

1. 开石尺寸应符合设计要求。

2. 凿除毛包,各边框中间突出部分不超过四周边框 2 cm。

3. 各表面凹入深度:粗料石不大于 1. 5 cm,半细料石不大于 1. 0 cm,

细料石不大于 0. 2 cm。

4. 镶面料石,各面应截凿方正,达到相互垂直。

五、作业安全

1. 铁楔和楔眼要密贴,为防止敲击时铁锲跳出伤人,可在铁锲和锲眼间垫入少许树叶、青草或加入少量的水等。

2. 锤头与锤把间应安装牢固。

3. 使用大锤时,人要站稳,用力要均匀不要过猛,防止摔倒伤人。

4. 在坡面上作业,应带安全带系安全绳。

钢轨、圆钢插别作业

一、适用范围

整治山体危石。

二、劳动组织及机具材料

1. 劳动组织。

钢轨、圆钢插别作业需要 5 人。

2. 机具材料(表 2—34)

表 2—34　钢轨、圆钢插别作业机具材料

名称及规格	单位	数量	名称及规格	单位	数量
安全绳	根	4	旧钢轨	m	50
安全桩	根	4	安全带	根	2
铁　锤	把	2	钢　钎	根	2
空压机	台	1	撬　棍	根	2
风　钻	台	1	钻　杆	根	5
风　管	m	100	ϕ34 ~ 40 mm 圆钢	kg	200
水　泥	kg	100	砂	kg	200

三、作业程序

1. 准备作业

(1)备齐工具,按需要长度截锯圆钢并除锈。

(2)搭设脚手架,设置安全设备和高空索道等。

(3)清除凿眼地点的浮土碎石。

2. 基本作业

(1)凿眼并清除眼内石粉。

(2)将钢轨桩或圆钢插入孔内。当采用钢轨或圆钢插别时,应使其受力面与被插别的岩石密贴,但不得用锤横击。

(3)用砂浆将眼孔灌注密实并加以捣固。附近岩石如有裂隙,应全部勾缝。

(4)钢轨桩和圆钢的外露部分应刷上红丹并罩面漆防锈。

3. 整理作业

(1)拆除脚手架、索道及安全设备等。

(2)清除零星石屑。

四、技术及作业要求

1. 圆钢及钢轨除锈彻底、干净。

2. 钻孔深度应按设计要求设置,一般不少于0.5 m。

3. 钢轨及圆钢受力面与被插别的岩石密贴,但不得用锤横击。

4. 眼孔必须用砂浆灌注密实并加以捣实。如附近岩石有裂隙,应勾缝灌浆。

五、作业安全

1. 钢轨、圆钢插别作业设工地防护2名,在作业地段两端500~1 000 m处列车运行方向左侧(双线在线路外侧)的路肩上设置作业标。防护示意图见图2—28。

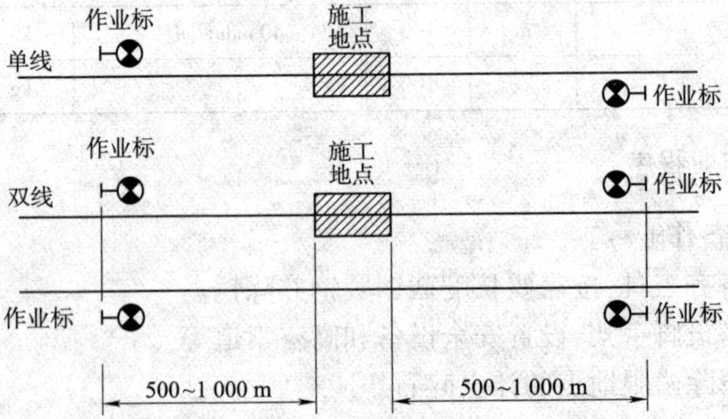

图2—28　钢轨、圆钢插别作业施工防护图

2. 按标准设好安全桩,拴好安全绳,系好安全带,戴好安全帽,穿防

滑鞋。

3. 安全桩的埋深一般不少于 0.75 m,土质山坡不少于 1.0 m,必要时适当加深。安全桩距陡坡边缘不得少于 3 m。在悬岩陡壁处工作,必要时应打两个安全桩(即护桩)。每次施工前安全桩必须有专人检查,施工中应派人看守,以防安全桩松动而造成人身事故。

安全绳左右移动距离不得大于 5 m。安全带、安全绳应挂在牢固的物体上并拴绑牢固,安全桩应一桩一绳。安全绳应一绳一人,严禁在一个物体上拴挂几根安全带或安全绳,严禁一根安全带或安全绳上拴挂几个人。

4. 作业时,山上作业人员严禁重叠作业,尽可能在同一水平面内施工,清除危石应从上向下进行。

5. 坡面作业应设置防护围栏和安全网。悬空作业应有可靠的安全防护设施。未设置隔离设施的高处作业,人员不得垂直施工。

6. 钢轨、圆钢插别作业前,应在需处理的危石下方设防护网,防止处理过程中过大石块坠落。

喷浆作业

一、适用范围

整治风化路基坡面需进行喷浆作业。

二、劳动组织及机具材料

1. 劳动组织

喷浆作业需要10人。

2. 机具材料(表2—35)

表2—35　喷浆作业机具材料

名称及规格	单位	数量	名称及规格	单位	数量
水　桶	个	4	钢　钎	根	4
灰　盘	个	1	手　锤	个	2
灰　斗	个	4	大　锤	个	1
铁　锹	把	5	水　泥	kg	根据
土　镐	把	2	砂　子	m^3	实际
胶皮管	m	100	水	kg	数量

三、作业程序

重力式人工喷浆:将拌浆桶置于高出喷浆点不少于10 m高台上,用内径为25～32 mm的胶皮管接于拌浆桶底部,借助自重,使灰浆喷射至所需部位。

1. 准备作业

(1)备齐材料工具。

(2)架设索道,安设其他施工设备和安全设备。

(3)清扫坡面活石、浮土、杂物,清刷局部危石、探头,使坡面达到基本稳定。

2. 基本作业

(1)用清水冲洗坡面及岩石裂缝。

(2)对坡面裂缝灌浆勾缝。

(3)拌制砂浆并不停的搅拌。

(4)将喷浆管与拌浆桶联结,进行喷浆。操作时可根据地形条件和风向,由上而下,由左而右或由右而左一次喷射。当第一遍灰浆达到初凝后再喷第二遍,一般共喷射 3~4 遍,达到设计厚度。

3. 整理作业

(1)全面检查,对漏喷或厚度不足的地方进行补喷。

(2)灰浆全部初凝后(一般在喷浆后 2~3 h)即洒水养生,延续 7 天左右。

(3)清理现场,拆除设备,必要时清筛道床,疏通排水。

四、技术及作业要求

1. 砂和水泥标号符合要求。重力式喷浆以细砂为宜,水泥为 425 号。

2. 砂浆的配合比正确,符合设计要求。重力式喷浆水灰比约 1.2~1.5,配合比(质量比)为 1∶3,其中每平方米所用水泥为 8 kg,砂子为 24 kg,水为 9.5 kg,喷浆厚度为 10~20 mm。

3. 喷浆的边坡顶部应凿槽嵌入坡面不少于 10 cm,防止地表水灌入坡面损坏喷浆体。

4. 喷浆厚度一般不少于 3 cm,无漏喷、厚度均匀,表面平顺美观。

5. 停止作业时,应及时将管路冲洗干净,作业过程一旦发生堵塞,应立即停止作业,及时处理。

五、作业安全

1. 施工地段两端设防护员各 1 名。在作业地段两端 500~1000 m 处列车运行方向左侧(双线在线路外侧)的路肩上设置作业标。列车接近该作业标时,司机必须长声鸣笛,注意瞭望。防护示意图见图 2—29。

2. 在离地面 3 m 以上的陡坡作业,必须拴安全绳,戴安全帽,不准穿带钉或易溜滑的鞋。每次使用安全设备前,必须详细检查。

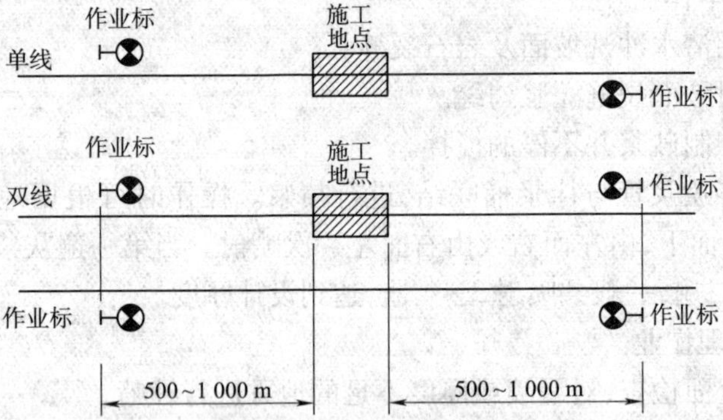

图 2—29　喷浆作业施工防护图

3. 临边作业应设置防护围栏和安全网。悬空作业应有可靠的安全防护设施。未设置隔离设施的高处作业,人员不得垂直施工。

安全桩的埋深一般不少于 0. 75 m,土质山坡不少于 1. 0 m,必要时适当加深。安全桩距陡坡边缘不得少于 3 m。在悬岩陡壁处工作,必要时应打两个安全桩(即护桩)。每次施工前安全桩必须有专人检查,施工中应派人看守,以防安全桩松动而造成人身事故。

安全绳左右移动距离不得大于 5 m。安全带、安全绳应挂在牢固的物体上并拴绑牢固,安全桩应一桩一绳。安全绳应一绳一人,严禁在一个物体上拴挂几根安全带或安全绳,严禁一根安全带或安全绳上拴挂几个人。

4. 清理坡面时应自上而下,严禁上下重叠作业,喷浆时坡面下方严禁站人。

5. 作业过程中,严禁在危岩边上和边坡脚下休息,严禁将工具任意抛置。

6. 作业机具应经常检查维修,不良机具不得使用,并遵守有关机具操作规程。

7. 列车通过时,应停止作业,土石、工具不得侵入限界。

灌浆、勾缝作业

一、适用范围

砌石圬工的勾缝、抹面以及岩石路堑边坡较大的裂缝灌浆勾缝等。

二、劳动组织及机具材料

1. 劳动组织

灌浆、勾缝作业需要 2 人。

2. 机具材料(表 2—36)

表 2—36　灌浆、勾缝作业机具材料

名称及规格	单位	数量	名称及规格	单位	数量
水　桶	个	1	小灰抿	把	2
铁　锹	把	2	托灰板	把	2
棕　刷	把	1	灰斗(或灰桶)	把	2
灰　铲	把	2	喷水壶	把	1
水　泥	kg	100	砂	m^3	0.5

三、作业程序

1. 清除裂缝内的积土杂物等。

2. 凿缝:凿缝深度一般为 3 ~ 5 cm,宽度应一致,瞎缝应凿开,清除石粉、碎屑。

3. 洗刷:将凿缝用水自上而下彻底清除干净。

4. 刷浆:在缝内先涂一层纯水泥浆,使砂浆与岩体或圬工能很好的联结。

5. 灌浆、勾缝:按规定配合比拌制砂浆,立即灌浆或勾缝。勾缝压边力求坚实,新、旧缝衔接良好。若岩缝过深,外口过大,可先用混凝土灌注或用小片石塞缝灌浆捣实,再进行勾缝。有地下水露头时,勾缝下部应留泄孔。

6. 灌浆、勾缝配合比。

(1)灌浆:一般采用体积比为 1∶4～1∶5 的水泥砂浆,裂缝很大时亦可采用混凝土。

(2)勾缝:可能受水侵蚀及冲刷的地点用体积比为 1∶2 的水泥砂浆,一般圬工及岩石勾缝可用 1∶3;其水灰比为 0.52～0.65。

7. 抹光、修平:勾缝后 20 min 进行抹光、修平。

8. 养生:勾缝初凝后用草袋等覆盖,洒水养生 7 天。

9. 清扫工作面,清理工地。

四、技术及作业要求

1. 勾缝应压实、抹光,无断道、空响、裂纹。

2. 勾缝圆顺美观,式样一致

3. 勾缝有平缝、凹缝和凸缝,浆砌片石为平缝。

五、作业安全

1. 开缝人员要戴护目眼镜,手套和防护鞋。

2. 搬运材料要抓住走稳,要注意不要碰伤手脚。

3. 线路两侧施工须经常跨越线路的地段两端应按规定设作业标,注意瞭望,及时下道避车。工具材料堆放稳固,不能侵入建筑限界。

4. 搭设脚手架施工参照搭拆脚手架作业。

5. 在桥下作业,注意来车时坠物伤人。

第四节　综 合 项 目

浆砌片石(包括翻修)作业

一、适用范围

浆砌片石适用于桥涵基础、护锥、护基、拦泥沙坝、导流堤、排水槽、挡土墙以及涵洞的边墙、端墙、翼墙等部位及路基排水、防护、各种加固建筑物各部位浆砌片石。工作内容包括:放样挂线;整修、洗刷片石;挖基、整平基底(在原砌体上翻修时为清洗接触面);搭拆脚手架;拌和砂浆;砌筑;勾缝;养生。

二、劳动组织及机具材料

1. 劳动组织

浆砌片石(包括翻修)作业需要 5 人。

2. 机具材料(表 2—37,为每 1 m^3 用量)

表 2—37　浆砌片石(包括翻修)作业机具材料

名称及规格	单位	数量	名称及规格	单位	数量
手　锤	把	2	水平尺	把	2
钢　钎	根	2	锤　球	个	1
灰　刀	把	2	喷　壶	个	1
灰　桶	个	2	铁　锹	把	1
8 磅锤	把	1	灰　抿	把	2
灰　盘	个	1	小撬棍	根	2
木折尺	把	2	水　桶	个	1
皮　尺	把	1	灰　斗	个	1
水　泥	kg	80 ~ 105	片　石	m^3	1.1
河　砂	m^3	0.35	水(含养生)	m^3	0.6

三、作业程序

1. 准备作业

(1)放样挂线:按设计要求打定位桩,放样挂线,立好伸缩缝板。

(2)挖基、整平基底:按设计要求挖基,不要超挖。土质地基应予以夯实、整平,如基底浸软,可夯填 10 cm 厚的碎石、卵石或小石片,以保证基底坚实;石质基底应将松动破碎石块和风化层清除并冲洗干净。如基坑有水,应筑围堰做好防水、排水工作。

在旧浆砌片石上翻修重砌时,应将接触面清洗干净,不留浮渣。

(3)整修洗刷片石:(翻修时先拆除旧砌石)将破裂的石料打开,石料表面的泥土、污垢或旧砂浆清洗干净。将使用的片石加以选择,对有较大棱角的石块进行整修,然后将有大面的较方正石块挑选出来,单独堆放,留作角石和镶面石用。

(4)搭拆脚手架:根据砌筑高度需要决定是否搭设脚手架,其技术作业程序和要领同搭拆脚手架作业,作业完毕后拆除。

(5)拌砂浆:同混凝土表面破损修补作业。

2. 基本作业

(1)砌筑前应将片石润湿。

(2)在岩石基底上砌筑时,应先铺一层座灰;在旧砌体砌筑时,应先湿润旧砌体表面,然后再铺一层砂浆超平后接砌,使新旧砌体连接牢固。

(3)先砌第一层角石,应选有大面的较方正的片石,且大面朝下。

(4)再砌第一层镶面石,应选有大面的较方正的片石,且大面朝下。

①根据砌筑部位情况,目估所需石料大小形状,然后试砌(不垫砂浆)。

②根据试砌情况,将不合的棱角打去。

③铺好座灰,将石料坐砌;用手左右挪动石块,拨正放稳并使其位置与灰缝合适;然后将侧缝填满砂浆,并挤严侧面灰缝。

(5)砌筑腹石,先铺底浆,并根据石块形状与面石交错放置稳固,尽量使石块间缝隙减小(但也不能使石块间无砂浆,直接顶严,形成瞎缝),然后用砂浆填满缝隙的 1/3 ~ 1/2,选取合适的小石块挤入缝中(用一块小石块塞满一个缝隙最好),用手锤轻敲使石块全部挤满在缝隙灰浆中,挤入的小石块不要高于原砌的石面，以免影响上层接砌。

(6)接砌上层片石时，也按以上步骤。每砌一块，必须先铺座浆，座浆不要铺满，一般辅厚约4～5 cm，这样片石一压下去砂浆外挤，铺满整个灰缝，使灰缝厚度达到2 cm 左右。在已砌好片石的旁边接砌片石时，应在已砌好的片石侧面先抹上砂浆，铺上座浆，将接砌的片石用手锤向已抹浆面轻轻敲击，将侧缝灰浆挤实。

一次连续砌石高度不宜超过1.2 m，一般每砌0.7～1.2 m 高应找平一次。

砂浆拌和必须配合砌石速度，由于一般砂浆拌好后40 min 就开始凝结，所以每次拌和量不应过多，应随拌随用。砂浆配合比参照拌和砂浆作业。

初砌的圬工砌体不得碰撞震动，以保证砌体凝结良好，禁止砌块落座填灰浆后再进行修凿敲打，更不准在新砌体上抛掷或敲打片石。

(7)养生：砌体应在收工或完工后以草帘等覆盖并洒水养生，养生的技术作业程序和要领同灌注混凝土及钢筋混凝土作业。

(8)勾缝及勾缝后养生同砌石勾缝作业。

四、技术及作业要求

1. 砂浆材料符合要求；石料清洁，无风化、无水锈、无裂纹，面石最小厚度不小于15 cm。

2. 砌体坡度平顺，无通缝；用2 m 弦线量，凹凸不超过±20 mm。

3. 片石间砂浆饱满，无空洞。

4. 两层片石间错缝不少于8 cm；三块石料相砌，内切圆不大于70 mm，砌缝宽度2～4 cm；每平方米缝宽超过4 cm 者不大于5 处，无瞎缝。

5. 泄水孔、伸缩缝设置适当。

6. 砂浆配合比正确，并有记录 。

7. 养生良好。

8. 砌体尺寸偏差符合要求。

五、作业安全

1. 靠近线路堆放机具材料等按图2—30堆放。不得侵入建筑接近限界。每次卸车后，施工负责人应组织人员全面检查堆放情况，不符合规定或堆放不稳固的应立即清理。

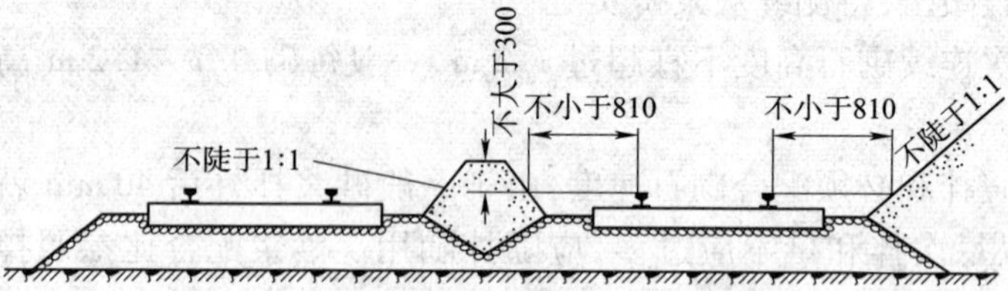

图2—30　靠近线路堆放材料机具(单位:mm)

2. 打石人员要戴护目眼镜、手套和鞋盖。

3. 搬运片石要抓住走稳，砌石要注意不要碰伤手脚。

4. 线路两侧施工须经常跨越线路的地段两端应按规定设作业标，注意瞭望，及时下道避车。工具材料堆放稳固，不能侵入限界。

5. 搭设脚手架施工参照搭拆脚手架作业。

6. 在桥下作业，注意来车时坠物伤人。电气化区段距接触网2 m以内作业应断电施工。

灌注混凝土作业

一、适用范围

灌注混凝土作业适用于桥梁、隧道、涵渠、路基防护、加固设备、排水设备等混凝土及钢筋混凝土构件施工。

二、劳动组织及机具材料

1. 劳动组织

灌注混凝土作业需要 7 人。

2. 机具材料(表 2—38)

表 2—38　灌注混凝土作业机具材料

名称及规格	单位	数量	名称及规格	单位	数量
灰　盘	个	1	扁钢钎	个	2
铁　铲	把	2	木抹板	个	2
铁　锹	把	4	泥　抹	把	2
四齿耙	把	1	小皿子	把	2
水　桶	个	2	灰　斗	个	1
水　瓢	个	1	磅　秤	台	1
喷　壶	个	1	坍落度测定器	套	1
木　夯	个	2	振捣棒	台	1
铁　铲	个	4	水　泥	t	1
碎　石	m^3	1	砂　子	m^3	1

三、作业程序

1. 混凝土施工首先要选择混凝土配合比,选定水泥标号,混凝土坍落度、水灰比及混凝土配合比,见表 2—39。

表 2—39　小量混凝土配合比

混凝土等级	卵石混凝土	碎石混凝土
C15	328 1∶2.17∶3.5	334 1∶2.20∶3.22
C20	360 1∶1.94∶3.15	367 1∶1.95∶2.92

2. 混凝土的拌和:人工拌和混凝土应该用灰盘,拌和前应将盘上积存的浆、石砟、砂土清除干净,先将砂和水泥按算好的用量干拌均匀,然后倒入石子,以免加水一面拌和,直至拌匀颜色一致为止。

3. 混凝土的灌注:制作安拆模板施工参照制作安拆模板单项作业。在灌注前应将模板湿润,嵌塞缝隙,模板表面应涂刷肥皂水以利脱模,并注意以下各项:

(1)拌好的混凝土最好能直接从灰盘上推到模板内,但自由下落的高度不得超过 2 m,否则应用滑槽或导管等缓降设备输送,防止砂浆离析。

(2)拌好的混凝土,夏天应在 45 min 内灌注完毕,其他季节不能超过 60 min。已经振捣过的混凝土不得再扰动或复振。

(3)混凝土应分层灌注,每层厚度不得超过 200 ~ 250 mm,并用铁铲或振捣棒振捣。各层间的间歇时间应尽量缩短,一般不应超过 2 h。

(4)如混凝土离析而有石砟堆垒时,应铲除并分散与灌注层上面,然后压入混凝土中。

(5)混凝土表面的整平或抹面工作应在混凝土"完浆"后(即失去其可塑性后)立即进行。在整平抹面巩固时,不得翻动混凝土或移高补低,铲除的混凝土不能再用。

(6)灌注混凝土完毕后,应将使用的机具清洗干净。

4. 混凝土的养生及拆模。

混凝土初凝后(约 1 h)应用草席、麻袋或河砂遮盖 12 h 后,(夏季 2 ~ 3 h 以后)开始每天浇水养生。使用普通水泥的,洒水养生不少于 7 d,使用火山灰质水泥或矿渣水泥的不少于 14 d。每天浇水次数以能保持混凝土具有足够的湿润状态为度。气温在 +5℃以上,而混凝土表面用草席覆盖时，最初三昼夜中，白天至少每隔 3 h 浇水一次，夜间至少浇水一次。以后的 4 d 中每昼夜至少浇水三次。气温较低时，因水分蒸发较慢，可酌量减少浇水次数。

混凝土及钢筋混凝土的拆模时间不宜过早。对不承受荷载的侧面直立模板，一般须在灌注完毕 4 ~ 6 d 拆模，对梁、拱等承重模板一般要在 20 d以后拆模，并注意不使混凝土及模板受损伤。

5. 新、旧混凝土的接合，必须做好以下工作：

(1)旧混凝土表面必须凿毛，保证新旧混凝土结合良好。

(2)在灌注前必须使旧混凝土吸水饱和，施工前 24 h 内保持经常湿润。

(3)在灌注新混凝土时，应在旧混凝土面先铺一层水泥砂浆。

(4)在前一次灌注的混凝土上，灌注第二层混凝土时，必须把表面的水沫用钢丝刷刷净。

四、技术及作业要求

1. 砂、石料和水泥标号符合要求。
2. 配合比、水灰比正确并有记录。
3. 捣固密实，无蜂窝麻面及露筋现象。
4. 钢筋尺寸和位置正确，除锈干净，保护层符合规定要求。
5. 养生良好。
6. 构件或砌体各部尺寸符合要求。

五、作业安全

1. 机具经检查、实验后方可使用，传送部分应有防护设备，发生故障时，先切断电源再检修。

2. 作业人员要戴口罩、手套、护目镜，穿胶皮鞋，持震动器者要戴绝缘手套。

3. 在脚手架上作业，要经常检查脚手架的牢固、稳定情况，双层作业时要戴安全帽。搭设脚手架参照“搭设脚手架作业”。

4. 搅拌场所应安全、宽敞，工作人员动作协调，运送材料及混凝土，要清除道路障碍，必要时采取防滑措施。

5. 靠近线路堆放机具材料等按图 2—30 堆放,不得侵入建筑接近限界。每次卸车后,施工负责人应组织人员全面检查堆放情况,不符合规定或堆放不稳固的应立即清理。

干砌片石作业

一、适用范围

干砌片石适用于桥涵,锥体护坡、护基、河床、河岸防护及沟渠等设备的砌筑和修理;路基排水设备、边坡防护以及其他工程。

二、劳动组织及机具材料

1. 劳动组织

干砌片石作业需要 3 人。

2. 机具材料(表 2—38,为每 1 m^3 用量)

表 2—38　干砌片石作业机具材料

名称及规格	单位	数量	名称及规格	单位	数量
大　锤	把	2	皮　尺	盘	1
小手锤	把	2	垂　球	个	1
小撬棍	把	1	木折尺	把	1
铁　锹	把	2	水平板	把	1
片　石	m^3	1.25			

三、作业程序

1. 干砌片石的铺砌方法有栽砌和平砌两种。单层护坡用栽砌,片石垛和铺底用平砌。

2. 衬砌前应先根据设计要求打定位桩,放样挂线,线绳拉紧。

3. 砌石应挑选适当的石块使其能相互咬搭紧密,大块砌在下层,砌缝不得大于 4 cm,石间空隙填实。

4. 新砌石应按设计规定对基底进行清挖、夯实、铺设垫层等处理后再行铺砌。铺砌护基应由外向内,护底应由两端向中间;上游河床应将大石块放在开始的地方,下游应放在靠近涵洞的地方。护底垂裙应先砌外侧,后砌内侧,外侧应稍高于内侧。护坡石料大面应与坡面垂直,坡度符合设计规定,坡面每隔 1 m 砌丁石一块并插入垫层内,插入深度一般不小于 50 cm,坡面应平顺。

5. 坡脚应嵌入基础,不允许把坡脚平砌于基础上。

6. 砌体厚度在 30 cm 及以下时,用单层栽砌法砌筑,双层砌筑时下层石块厚度不小于 15 cm,上层石块厚度不小于 20 cm,每块片石都要垫实、咬紧、坐稳,在砌面上应选用小石块塞缝,用手锤打紧,达到无松动、无悬空、无塌陷。

7. 砌筑琥珀石,应将较大石块砌在下面,河床铺砌,应将较大石块砌在上游铺砌开始的地方;对于干砌片石基础或片石垛的填腹部分要交错嵌砌,不得用包馅方式。

四、技术及作业要求

1. 石料清洁无风化、无裂纹,片石中部厚度不小于 15 cm。

2. 坡面平顺,用 2 m 弦线量,凹凸不超过 ±50 mm。

3. 片石互相咬接紧密,无松动石块,片石间隙用小块石填塞牢固。

4. 两层片石间错缝不少于 8 cm,无通缝。

5. 砌体尺寸符合要求。

五、作业安全

1. 靠近线路堆放材料、机具等按图 2—30 堆放,不得侵入建筑接近限界。每次卸车后,施工负责人应组织人员全面检查堆放情况,不符合规定或堆放不稳固的应立即清理。

2. 打石人员要戴护目眼镜,手套和鞋盖。

3. 搬运片石要抓住走稳,砌石要注意不要碰伤手脚。

4. 线路两侧施工须经常跨越线路的地段两端应按规定设作业标,注意瞭望,及时下道避车。工具材料堆放稳固,不能侵入建筑限界。

5. 搭设脚手架施工参照搭拆脚手架作业。

6. 在桥下作业,注意来车时坠物伤人。电气化区段距接触网 2 m 以内作业应断电施工。

砂浆抹面作业

一、适用范围

圬工表面风化剥落、裂纹、空响、勾缝脱落或为保护圬工表面完好及美化、各种容易风化但尚未风化的、干燥的岩石路堑边坡，可采用抹面防护；有地下水 、潮湿、高寒地区的路堑边坡不宜采用。

二、劳动组织及机具材料

1. 劳动组织

砂浆抹面作业需要 2 人。

2. 机具材料（表 2—39，为每 1 m^3 用量）

表 2—39　砂浆抹面作业机具材料

名称及规格	单位	数量	名称及规格	单位	数量
钢　钎	根	2	泥　抹	个	2
手　锤	把	2	铁　锹	把	2
水　桶	个	1	灰　盘	个	1
灰　斗	个	2	抹灰板	块	2
水　泥	kg	7.5～11.5	砂	kg	49
水（含养生）	kg	12			

三、作业程序

1. 先将圬工表面清理干净，并保持湿润状态。

2. 按配合比将水泥和砂倒在灰盘上反复拌匀，有块状水泥时，应先将其挑出碾碎，否则不得使用，然后洒水拌和，水灰比一般不宜超过 0.65，砂浆稠度适中。砂浆配合比参照拌和砂浆作业。

3. 抹面：先紧贴坡面抹底层，底层表面可用抿刀做成波浪状或锯齿状粗糙面。当底层表面出现细微裂纹，一般为五六成干时，立即开始抹第二层，如有第三层，则第二层表面亦应做成粗糙面，并待其稍干后抹第三层。面层表面要抹平。当抹面作业中断时间较长时，停工处灰体应作成斜形粗糙面。

4. 压实提浆：灰体初凝后，稍待数小时，即可用卵石或木拍往复磨压提浆，一般应进行 2 ~ 3 次。后一次提浆需在前一次提浆后，表面略微干燥时进行。

5. 提浆结束后，按规定浓度配制的卤水或青矾水（晴天稀，阴天浓）均匀的沥涂在灰体表面。

6. 一般抹面后 10 ~ 12 h（炎热天气 2 ~ 3 h），灰浆即初凝，应立即用麻袋、草帘等遮盖并浇水养生，养生期约 7 d。

四、技术及作业要求

1. 旧圬工表面清理干净，无浮土和草树根。
2. 表层提浆良好，密实、光滑，无空洞、无裂缝或龟裂。
3. 厚度均匀：水泥砂浆抹面不少于 30 mm，四合土捶面不少于 80 mm，新旧面胶结牢固。
4. 上部封顶并排水良好，坡面需留泄水孔。
5. 纵横相隔大于 10 m 留伸缩缝 1 条。
6. 配合比正确，并有记录。
7. 养生良好。

五、作业安全

1. 清理表面时，工作人员要戴护目眼镜、手套和鞋盖。
2. 搬运材料要抓住走稳，要注意不要碰伤手脚。
3. 线路两侧施工须经常跨越线路的地段两端应按规定设作业标，注意瞭望，及时下道避车。工具材料堆放稳固，不能侵入建筑限界。
4. 搭设脚手架施工参照搭拆脚手架作业。
5. 在桥下作业，注意来车时坠物伤人。

拌和砂浆作业

一、适用范围

各种圬工作业施工,如浆砌、抹面等,均需拌和砂浆作业。

二、劳动组织及机具材料

1. 劳动组织

拌和砂浆作业需要2人。

2. 机具材料(表2—40)

表2—40　拌和砂浆作业机具材料

名称及规格	单位	数量	名称及规格	单位	数量
铁　锹	把	2	水　泥	kg	按施工
秤	个	1	砂	m^3	要求
灰　盘	个	1	水	kg	准备
水　桶	个	2			

三、作业程序

1. 水泥砂浆:按配合比量出水泥和砂,放在薄钢板或木槽内搅拌均匀,慢慢倒入水并搅拌倒干湿完全一致。一般需干拌三遍,湿拌三遍。

2. 按选定的配合比配料。按质量比时,其允许误差为±2%;按体积比时,其允许误差为±5%。水泥砂浆尚应严格掌握水灰比。

3. 砂浆应随拌随用,并应于开始凝结前全部用完;水泥砂浆约为40 min,水泥石灰砂浆约为2 h。已凝结的砂浆严禁使用,也不许将已凝砂浆重新加水拌和使用。

4. 为节约水泥,增加砂浆的和易性,可掺用塑化剂和加气剂。塑化剂用于M5以上砂浆,其用量一般不超过水泥用量的0.25%;松香热聚物加气剂的用量约为水泥重量的0.005%～0.015%;松脂皂加气剂约为水泥重量的0.05%左右。塑化剂和加气剂均应掺入拌和用水中,调匀后再去拌和砂浆。

5. 运送砂浆时,要用不漏水的容器,雨天应加覆盖,冬期应予以保温。到达工地如有沁水现象,应重新拌和。

四、技术及作业要求

1. 按配合比配料,质量比允许误差±2%;体积比允许误差±5%。
2. 随拌随用:水泥砂浆拌和后不超过40 min。
3. 已凝结砂浆严禁使用,不允许将已凝砂浆重新加水拌和使用。
4. 砂浆按体积配合比见表2—41。

表2—41　砂浆参考体积配合比

砂浆类别	砂浆强度等级	水泥标号		
		525	425	325
水泥砂浆（水泥：砂）	M10	1:3.5	1:3	1:2.5
	M7.5	1:5	1:4	1:3
	M5		1:6	1:4.5

水泥砂浆的水灰比一般为0.6~0.7,通常以手捏成团、松手不散,同时也不能从瓦刀上流下为适度。其他砂浆合适的用水量亦可用上法检定。

五、作业安全

1. 作业人员按规定穿戴好劳动保护用品。

2. 搅拌场所应安全、宽敞,工作人员动作协调,运送材料要清除道路障碍,必要时采取防滑措施。

环氧树脂修补圬工裂纹作业

一、适用范围

1. 圬工、梁拱、墩台表面风化脱落破损,墩台顶面支座周围空响积水,涵渠边墙、拱顶风化脱落,隧道洞门风化、破损等。

2. 不宜用水泥砂浆修补时。

二、劳动组织及机具材料

1. 劳动组织

包括施工防护 1 人在内,环氧树脂修补圬工裂纹作业需要 1 人。

2. 机具材料(表 2—42)

表 2—42 环氧树脂修补圬工裂纹作业机具材料

名称及规格	单位	数量	名称及规格	单位	数量
小瓷盆	个	2	钢　凿	根	2
天平或小秤	个	1	钢　尺	个	1
量　杯	个	1	小铁桶	个	2
毛　刷	把	2	泥　抹	把	2
划　笔	支	1	酒　精	kg	0.05
4 磅锤	把	1	乙二胺	kg	1
环氧树脂	kg	1	水　泥	kg	2
丙　酮	kg	1	立德粉	kg	1
河　砂	kg	10	皮老虎	个	1

三、作业程序

1. 划线:用划线工具沿裂纹划出凿除范围线。

2. 凿缝:修补宽为 0.15 ~ 0.3 mm 的裂纹时,沿裂纹凿一条外口宽约 20 mm,深约 3 mm 的 V 形槽;补修宽大于 0.3 mm 的裂纹时,沿裂纹凿一条外口宽约 20 mm,内口宽约 6 mm,深约 7 mm 的梯形槽。

3. 清缝:用钢丝刷、皮老虎刷吹缝内粉渣,再用丙酮擦洗干净。

4. 拌刷环氧砂浆:按环氧树脂补圬工的配合比(表 2—43)及工艺进行配制。

表 2—43 环氧树脂砂浆配合比参考值

用途	材料	单位	普通水泥		
			树脂涂料	树脂砂浆	湿拌树脂浆
胶凝	环氧树脂	g	100	100	100
增塑	丙酮	g	<20	<20	<20
固化	乙二胺	g	8	8	8
细填充料	普通水泥	g	30	30	30
	立德粉(可用水泥代替)	g	10	50	100
粗填料	河砂(细砂)	g		450	1200
其他	水	g			180

5. 拌和环氧树脂砂浆:

(1)按比例拌和细填充料。

(2)加入细砂。

(3)稀释环氧树脂,当环氧树脂温度低于 20℃时,可用温水浴法加热但不得超过 40℃。

(4)加入硬化剂,迅速搅拌,如使用间苯二胺时,应用温水浴法将间苯二胺加热溶化,但温度不得超过 65℃。

(5)拌和砂浆:应在浅盘中拌制,一次拌和不得过多,以能在 30 min 内用完为度。

(6)各种材料加入后,必须迅速搅拌均匀。

6. 在凿成的槽内涂环氧树脂涂料一度,厚度约 0. 2 mm。

7. 勾缝:填满砂浆、压实、抹光。

8. 检查质量。

9. 清洗工具、容器。

四、技术及作业要求

1. 凿槽符合规定
2. 槽内灰渣清除彻底，丙酮刷洗干净。
3. 配料、称料无差错，砂浆拌和均匀，色泽一致。
4. 涂料涂刷均匀，无漏涂。
5. 砂浆、涂料剩余量不大于 20%。

五、作业安全

1. 作业人员要戴护目镜、防毒口罩、胶皮手套、安全帽，在脚手架上作业要系安全带。

2. 工作完毕后，必须用肥皂洗手，并尽量用医用酒精消毒，严禁不洗手吃东西和接触皮肤。

3. 使用和存放化学材料应注意防火。

4. 工作人员和料具由桥面上下墩台时注意列车。

弯制钢筋作业

一、适用范围

按照施工图纸尺寸形状弯制主筋、架立筋、箍筋等各种钢筋，包括调直、除锈、下料、划线、弯曲成形及50 m以内搬运。

二、劳动组织及机具材料

1. 劳动组织

弯制钢筋作业需要2人。

2. 机具材料（表2—44）

表2—44　弯制钢筋作业机具材料

名称及规格	单位	数量	名称及规格	单位	数量
工作台	个	1	8磅锤	把	2
三柱式铁板板柱	个	2	剁　子	个	2
横口扳子	把	2	铁敦子	个	1
顺口扳子	把	2	手　锤	把	2
钢　筋	kg	按设计图要求	钢丝刷	把	4

三、作业程序

1. 检查钢筋的种类、钢号、直径是否符合设计文件要求，弯制时如发现脆裂或性能不正常时停止使用。

2. 下料长度计算。

(1)采用搭接(搭接焊或绑扎结头)时

下料长度 = 直段长度 + 斜段长度 + 弯钩增加长度 - 弯曲伸长值 + 搭接长度

(2)不用搭接时

下料长度 = 直段长度 + 斜段长度 + 弯钩增加长度 - 弯曲伸长值

注：不同弯起角的钢筋弯曲伸长值：当弯起角度分别为 30°、45°、60°、90°、135°、180°时，其弯曲伸长值分别为：0.35d_0、0.5d_0、0.85d_0、1.0d_0、1.25d_0（d_0 为钢筋直径）。

不同弯钩增加长度（1 个）：半圆弯钩（180°）为 6.25d_0、直弯钩（90°）为 3.5d_0、斜弯钩（135°）为 4.9d_0（d_0 为钢筋直径）。

3. 整直、除锈、下料。

4. 划线：分中后由中点向两端划出钢筋起弯点分段长度、位置。

5. 弯曲成型：进行弯曲时钢筋必须平放，板子与板柱距离（成板距）一定要适当准确。板距采用以下值：

45° 角为（1.5～2）d_0

90° 角为（2.5～3）d_0

135°角为（3～3.5）d_0

180°角为（3.5～4）d_0

6. 钢筋接头：所有钢筋尽可能采用电焊焊接，并应以对接触焊为主。直径小于 25 mm 的钢筋容许采用搭接接头，当采用绑扎法时其搭接长度在受拉区者不得小于直径的 30 倍，在受压区者不得小于直径的 20 倍。

四、技术及作业要求

1. 钢筋的种类、钢号、直径等应符合设计要求。

2. 钢筋的锈皮油污应清除干净。

3. 加工正直、钢筋中心线与直线相吻合。

4. 弯制尺寸符合设计要求：

（1）成形后的全长和全高误差容许 ±10 mm。

（2）弯曲点位置误差不大于 ±10 mm。

（3）钢筋纵向偏扭不大于直径的 1/2。

5. 钢筋接头应符合规定。

五、作业安全

1. 作业人员佩戴护目镜、手套、鞋盖。

2. 下料时注意锤柄有无松动及锤头肥边。

3. 拉板子不要用力过猛，并注意板子是否搭好，以防滑跌。在同一工作台两头同时作业时,要相互注意防止误伤。向工作台搬运钢筋要轻拿轻放,不可扔摔,防止掉下伤人。

绑扎钢筋作业

一、适用范围

灌注钢筋混凝土台帽、梁、拱柱及其他钢筋混凝土构件时，对已加工成型的钢筋进行安装绑扎，并包括立模、垫混凝土块及50 m内搬运。

二、劳动组织及机具材料

1. 劳动组织

绑扎钢筋作业需要2人。

2. 机具材料(表2—45)

表2—45　绑扎钢筋作业机具材料

名称及规格	单位	数量	名称及规格	单位	数量
起钉器	个	2	克丝钳	把	2
绑扎铁钩	个	4	马　架	个	1
小　锤	个	2	方木及样板木板等		若干

三、作业程序

1. 准备工作

(1)熟悉设计图纸，了解图纸中钢筋排列次序、位置、钢筋间距，各种规格的钢筋根数，保护层厚度及其他各部分尺寸，并根据现场情况研究安装的顺序。

(2)准备好材料、工具，把加工成形的钢筋按图纸编号所需的数量运到安装现场，分类挂牌堆放，并详细检查其数量和尺寸是否符合要求，运输装卸过程中有无变形，钢筋表面铁锈及污垢是否清除干净。如有上述情况，应及时处理并准备好绑扎安装用的工具、铁线等。

2. 基本作业

(1)划线：用量尺和粉笔将所要安装的钢筋的位置及纵向间距画出

来并注明钢筋编号以便对号摆料和绑扎,有模板的地方可画在模板上,没有模板的地方可画在地上或钢筋上。

(2)摆料:根据画好的钢筋位置摆好钢筋,其顺序由里向外,从下向上,摆料时注意钢筋接头要按规定错开。

(3)绑扎:摆好料后,用铁线在钢筋交叉点上绑扎,$\phi6 \sim \phi14$ 钢筋用 22 号(0.70 mm)、24 号(0.55 mm)铁线,$\phi16$ 以上钢筋用 20 号(0.90 mm)铁线,每扣用两根为宜。

(4)安放垫块:安装钢筋时应按设计图或规定的保护层厚度在扎好的钢筋构件底部、侧面依次安放垫块。垫钢筋构件底部时,相邻两块间的距离为 0.8 m 左右;垫钢筋侧面时,垫块用铁线绑在钢筋上,以防掉落后移位。

横梁及其他钢筋密集的构件中,可在多排钢筋间垫短钢筋以保持其设计间距。

垫混凝土垫块时,使用起钉器作撬棍,将起钉器伸入钢筋构件下面,将柄往后一压即可垫妥。

3. 检　　查

钢筋安装绑扎完毕后,在灌注前应进行全面检查,主要核对钢筋规格、尺寸、根数有无错误,构件的轮廓尺寸及细部尺寸有无超限,绑扎是否牢固等。

四、技术及作业要求

1. 各种钢筋间距位置以及长度的容许偏差:主筋间距为 ±5 mm;长度为 ±10 mm;架立筋间距为 ±10 mm;箍筋或主筋垂直及水平防线偏斜不得大于长度(高度)的 3%。

2. 钢筋搭接方式,长度及部位要符合设计规定。

3. 钢筋除锈去污彻底,加工正直,绑扎牢固。

五、作业安全

1. 在模板里绑扎钢筋时,不可踩模板的横棱或斜撑,以免引起模板变形或踩断伤人。

2. 用跳板通过钢筋构件上时,要看好两头是否搭牢,不要把跳板放在钢筋构件上。

3. 高大钢筋骨架要设法固定防止倾倒摔坏或伤人。

搭拆脚手架作业

一、适用范围

1. 适用于桥隧维修作业中需搭设脚手架的各种作业项目如钢结构油漆、加固、抽换铆钉或高强度螺栓、圬工梁拱修理加固、隧道漏水、圬工裂损修理加固等高空作业。

2. 作业内容包括：搭架、铺板、检查、拆除；50 m 范围内搬运及堆码。

二、劳动组织及机具材料

1. 劳动组织

包括施工防护在内，搭拆脚手架作业需要 5 人。

2. 机具材料（表 2—46）

表 2—46　搭拆脚手架作业机具材料

名称及规格	单位	数量	名称及规格	单位	数量
克丝钳	把	2	铁　锹	把	2
铁丝钩	把	1	皮　尺	把	1
羊角锤	把	1	2 m 钢卷尺或木折尺	把	1
手　锤	把	2	木　板	m^3	1
铁　线	kg	50	铁线钉	kg	5

三、作业程序

1. 调查作业范围及部位，确定搭设脚手架的形式，计算所需的材料，在隧道内搭设时应注意不得侵入建筑限界。

2. 备料并认真检查所备材料是否符合技术标准要求，脚手架的立杆、横杆的小头直径及脚手板的厚度，捆扎用的材料等应符合技术标准相关规定。对钢料焊接部位、绳索、木板有无开裂、腐朽、损坏、折断应仔细检查，不符合要求的不能选用。

3. 搭设:每一根立杆应放置在稳固平整的基面上,各立杆之间用横杆及斜杆以绳索或铁线(亦可用 ϕ19 mm 及以上钢筋钩挂牢,和足以悬吊处数应满足工作安全的要求。)捆扎牢固,脚手杆间距一般应不大于 1.5 m,脚手板钉牢在木杆上不得外伸悬臂,脚手板放设时应自下而上,一层一层放置,下一层全部并捆钉牢后方可向上放设第二层脚手板。搭设时应注意经常检查各部位,不得侵入建筑限界。

铁线捆扎采用平插或斜插法,铁线头与鼻孔相交一般宜拧扭两圈半。

吊杆应大头在上,小头向下绑扎。

4. 搭设完后由施工负责人对新搭设的脚手架作全面检查,确认安全、稳定、不侵入建筑接近限界后方可使用。

5. 拆除脚手架时应自上而下从一端向另一端本着先绑后拆、后绑先拆的顺序逐层逐块进行,注意搭接端及脚手吊点位置的先后次序,不得上下同时作业,更不得单留一侧或推倒了事。注意防止脚手板翘头或踩空危及人身安全,拆下的材料应堆放稳妥并不得侵入限界。

6. 脚手用料不允许任意解锯,拆除时注意轻轻放倒,以免伤木料。

7. 木杆上的外露钉头应打弯,拆下的木板线钉应派专人负责拔去或将线钉尖端打入木料内,防止钉头砸伤脚。

四、技术及作业要求

1. 脚手架必须满足工作安全要求,搭设牢固、无空头板,不变形、倾斜、摇晃。

2. 所用材料必须坚韧耐用,无腐朽裂损。

3. 使用脚手架必须满足安全的要求。脚手架搭设应配合工程进度,不宜搭设过高。应有专人负责搭拆脚手架安全和日常检查整修工作。搭拆脚手架时,脚手架下不准有人停留或通过。靠近架空电线搭拆脚手架时,应严格按照供电部门的规定留出安全距离(一般动力线 2 m 以上,照明线 1 m 以上);作业中应时刻注意,防止碰触架空电线。脚手架应搭设牢固,脚手板外伸悬臂,应有专人负责,经常检查整修,不得浮起活动。

脚手架搭设完毕,必须经施工负责人全面检查验收后方能使用。

4. 脚手架的荷载每平方米不得超过 2 700 N,脚手杆间距不应大于 1.5 m(经检算许可者除外)。

制作脚手架的材料必须坚韧耐用，尺寸符合以下规定：

(1)立杆有效部分小头直径：木杆不得小于 70 mm，竹竿不得小于 80 mm。

(2)横杆有效部分小头直径：木杆不得小于 80 mm，主要横杆不得小于 90 mm。

(3)脚手板厚度不得小于 50 mm，两端必须固定在横杆上；斜铺脚手板铺设坡度不得陡于 1∶3，并钉防滑木条。脚手板接头应设置在撑杆上，不得悬空。高度在 3 m 以上的脚手架，其工作边外侧及斜道两侧应安设挡脚板和 1 m 高的防护栏杆。

(4)采用圆钢弯制成脚手架时，双钩式圆钢直径不小于 22 mm，单钩式圆钢直径不小于 25 mm，钢材不得有裂纹、锈蚀等缺陷，并应按规定检查钢钩质量。

(5)钉脚手板铁钉的长度不得小于 100 mm；拆下的护木脚手板及模型板上的铁钉，应及时拔掉或打平。

5. 一般要求施工脚手架不得侵入直线建筑接近限界 2 440 mm(曲线上按规定加宽)。

五、作业安全

1. 在电气化区段通过或使用各种车辆、机具设备不得超过机车车辆限界，作业人员和工具与接触网必须保持 2 m 以上的距离。

2. 在距离接触网带电部分不足 2 m 时，搭设脚手架必须按规定办理接触网停电申请手续，得到许可停电施工命令，并有接触网工区派人安设临时接地线后方能施工。

3. 在距离接触网带电部分 2 ~ 4 m 的建筑物上施工时，接触网可不停电，但必须由接触网工或经专门训练的人员现场监护。

4. 搭拆脚手架时下方严禁站人，设好防护。

5. 搭设脚手架人员必须熟悉安全技术操作规程，操作熟练，如患有高血压、心脏病、头晕等疾病的人员不准上架作业。

6. 上架人员必须系好安全带，戴好安全帽。脚手架搭设过程中应思想集中，上下运送材料应互相呼应，不要从高空中向下投掷材料，以免伤人。

7. 脚手板陡坡部分应加防滑木条,脚手架外侧临空面应设护身栏杆或安全网。

8. 在施工过程中,应有专人负责经常检查,发现捆扎结扣松动、架杆、脚手板等断裂时,应及时加固或更换。经常检查限界,防止列车震动使脚手架侵入限界。

9. 一般要求施工脚手架不得侵入直线建筑接近限界 2 440 mm(曲线上按规定加宽)。

10. 靠近线路堆放机具材料等按图 2—30 堆放,不得侵入建筑接近限界。每次卸车后,施工负责人应组织人员全面检查堆放情况,不符合规定或堆放不稳固的应立即清理。

11. 在使用过程中应随时注意架子上的荷载,禁止在架子上过多地堆置施工用料或多人聚集在一起,以防超载。

12. 拆架时要严格按顺序进行,拆下的架料应有秩序地分类堆放在指定地点,临时堆放在隧道内或桥上不得侵入限界。防滑条要有专人收集,以免钉子扎脚。

支立模板作业

一、适用范围

1. 预制及就地灌筑混凝土、钢筋混凝土构件。

2. 需用模型的圬工修补作业。

二、劳动组织及机具材料

1. 劳动组织

支立模板作业需要5人。

2. 机具材料(表2—47)

表2—47　支立模板作业机具材料

名称及规格	单位	数量	名称及规格	单位	数量
手　锤	把	4	电　刨	台	2
大　锤	把	2	克丝钳	把	2
斧　子	把	4	断线钳	把	1
撬　棍	根	3	铁　线	kg	50
铁线钉	kg	根据设计要求准备	扒锯钉	kg	根据设计要求
方　木	m^3		铁拉杆	根	
钢模板(包括卡子)	m^2		木模板	m^3	
钢管(支撑用)	t				

三、作业程序

1. 按设计备料、选料(木板、钢模板)。

2. 木模按设计图纸要求下料,钢模按设计图纸选配相对应的模板。木模与混凝土接触的板面一般应刨光,拼缝应严密,缝隙应用油灰、木条等嵌塞紧密。钢模与混凝土接触的板面应拼接平顺、严密。

3. 拼装木模宜在平整场地或工作台上进行,以便挤紧板缝和控制棱木间距。钉头应钉平板面，钉坑宜用油灰抹平。钉长宜长于板厚40 mm，钉径应不大于板厚的1/7，钉子的排列可用齐列、错列和斜列。钢模应拼接牢固。

4. 立模成形：支撑及加固。

模板和支撑不得与脚手架发生联系。一切支撑必须设置在可靠的基底上，软质基础应采取扩大承压面积加固措施，并预留沉陷量。

5. 模板的侧面支承可采用拉杆、箍式支承等类型，且易加内撑，以保持模板的准确尺寸。

6. 为便于拆模，与混凝土接触的模板表面应涂隔离剂，如肥皂水、油类混合乳剂等。

7. 为避免混凝土结构棱角在拆模时受到损伤，隅角部分宜加边宽25～50 mm的三角棱条，做成钝角。

8. 按设计和施工要求预留好孔洞，如底部的排污孔洞、灌注或捣固的工作孔洞及预埋构件孔洞等，使用完毕应予以封闭。

9. 整体吊装模板应有足够的刚度，模内宜加临时内撑加固，以保证安全，防止变形。

10. 复核模型各部尺寸、编号，检查支承状态，发现误差、超限及不良，及时修正、加固。

11. 拆模：先拆附属部分，后拆主体结构。

（1）混凝土灌注后其强度达到2.5 MPa方可拆模，视其受力情况可先拆不承重的侧模。

（2）混凝土承重模板，需等其能承受本身自重和相当的外加荷载时，方可拆除，拆模时间按照设计要求进行。

（3）拆模时不宜用力过猛过急，不应用大锤敲击，应用小撬棍轻轻撬除。

（4）清除拆除的模板表面上的灰渣，并擦油，防止日晒雨淋、妥善保管。

四、技术及作业要求

1. 保证结构及构件各部形状、尺寸、高程和相互位置正确。

2. 具有足够的稳定性、刚度和强度，能可靠的承受新灌注混凝土的重力、侧压力以及在施工过程中产生的其他负荷。

3. 模板及立柱应便于安装和拆卸。

4. 模板应制作简单，能重复使用，不变形。

5. 主要材料规格：

木模板：厚30~50 mm、宽150~200 mm；

方木：(50×50~150×150)mm，根据设计选用；

支撑木：大于100 mm原木或100 mm×100 mm方木，更具设计选用；

镀锌铁线：直径4 mm；

铁拉杆：直径12~24 mm，根据设计选用；

钢模板：根据设计选用。

五、作业安全

1. 作业人员应戴手套、安全帽，高处作业系安全带，不得穿胶鞋。

2. 传递工具应将工具把递向接受者，刃口向下。

3. 使用电动工具，按照有关规定办理。

4. 工地及作业中注意防火，根据需要配备消防设施。

5. 拆模时应将钉子及时拔出或打倒。

第三章 施工管理指导书

一、检查核对开工资料

1. 施工资料的核对

施工组织设计(图 3—1)、开工报告、施工配合协议、施工命令票、施工月计划。

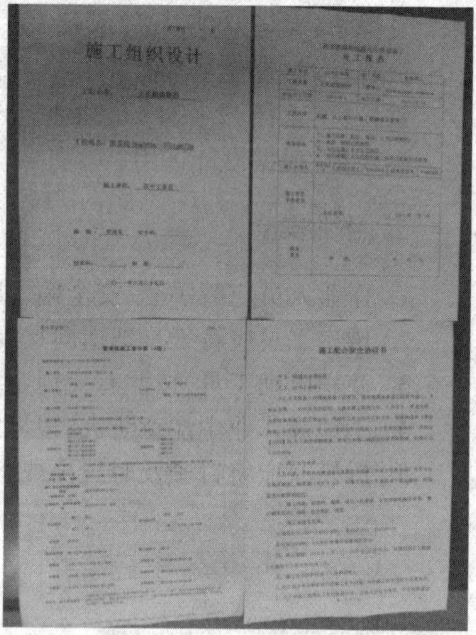

图 3—1 施工组织设计书

2. 现场核对

如图 3—2 所示,组织各小组负责人核对技术资料、施工环境(施工人员进入施工现场的行走路线,影响施工的电务、供电、车辆、通信及工务设备情况)。

图 3—2 现场核对

3.“二图一表”、“一日一案”的审核,施工揭示命令的核对。

二、开工前重点工作

1. 协助组织参加施工的人员进行技术交底（图3—3）、安全教育和培训考试。

图3—3　对现场人员进行技术交底

2. 参加车站组织的施工协调会（图3—4）。

图3—4　施工协调会

3. 参加施工点前分工会（图3—5），并结合当日施工项目进行对规教育。

图3—5　施工点前分工会

4. 检查施工材料、机具、配合车辆及防护备品准备情况（图 3—6）。

图 3—6　检查机具材料

三、施工过程控制

1. 施工前

（1）核对施工日计划（图 3—7），督促驻站联络员点前两小时到达车站登记《运统—46》。

图 3—7　核对施工日计划

（2）组织施工人员携带施工机具、材料、防护备品于点前 1 h 到达工地（含有慢行的施工），并对施工机具材料人员到位情况进行检查核对，见图 3—8。

图 3—8　施工人员点前 1 h 到达工地

（3）施工点前 30 min，所有防护人员要到达施工指定位置，检查施工配合单位人员到位情况，见图 3—9。

图 3—9　点前 30 min 检查人员到位情况

（4）检查现场是否揭挂施工网络流程图、设置物理隔离、佩戴劳动保护用品，见图 3—10。

图 3—10　检查佩戴劳保用品等

（5）慢行施工，按照调度命令按时设置防护，见图 3—11。

图 3—11　慢行防护

2. 封锁施工中

(1)与施工负责人共同确定施工命令,下达慢行或封锁施工命令,见图3—12。

图3—12 下达慢行或封锁施工命令

(2)确认施工防护设置到位情况,下达开工命令,见图3—13。

图3—13 下达开工命令

(3)按照技术标准、作业程序、安全注意事项进行施工,见图3—14。

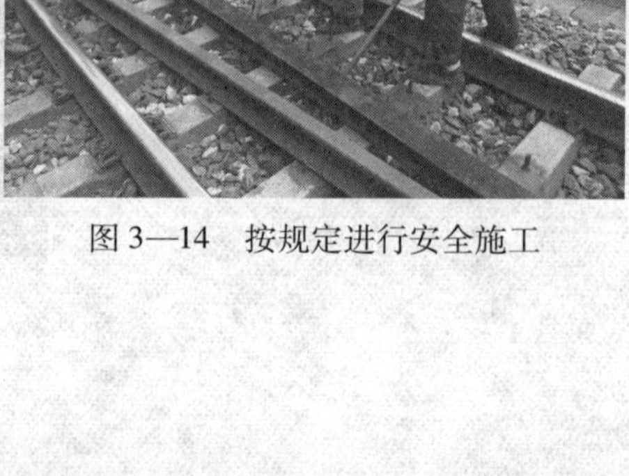

图3—14 按规定进行安全施工

(4)线路开通前 30 min，督促施工负责人检查设备，及时处理超限处所，确认线路开通条件，见图 3—15。

图 3—15　确认线路开通条件

(5)达到线路开通条件后，检查机具材料是否侵限，通知驻站联络员销记，按开通限制条件设置防护，见图 3—16。

图 3—16　检查机具材料是否超限

3. 施工后检查重点

(1)安排现场人员按阶梯提速标准对设备进行检查，见图 3—17。

图 3—17　按标准检查设备

(2)落实线路巡养人员(限速施工),见图3—18。

图3—18　线路巡查人员巡查

(3)落实机具材料看守人员,见图3—19。

图3—19　看守机具材料

(4) 组织各小组负责人对次日施工区段进行调查，见图3—20。

图3—20　小组负责人检查施工区段

(5) 再次对施工人员现场进行检查，确认现场安全情况下带领施工人员携带施工工具集体返回，见图3—21。

图3—21　现场检查施工人员

4. 施工总结会(图3—22)

(1) 总结当日施工情况，查找漏洞，制定对策。

(2) 根据施工存在的问题及现场情况，完善“一日一案”、“施工流程图”。

(3) 对次日施工提出意见和建议。

(4) 协助解决需要段协调的问题。

图3—22　施工总结会